工廠叢書 ⑩

如何推動 5S 管理（增訂六版）

周叔達／編著

憲業企管顧問有限公司　　發行

《如何推動 5S 管理》 增訂六版

序　言

提升競爭力是企業追求的目標，如何藉助 5S 管理活動而提升競爭力，已成為工廠管理的重要工具。

5S 指的是整理、整頓、清掃、清潔、素養這五個單詞，在 5S 管理的基礎上，增加了安全(safety)單詞要素，形成「6S」，為方便解說，本書仍稱為 5S 管理。

作者擔任工廠顧問師多年，獲總顧問師黃憲仁先生之邀請，主持推動 5S 管理培訓班，獲得業界好評。本書原是工廠管理的企管班培訓課程講義，最初只有授課講義 160 頁，後改為企管圖書，全書以實例、步驟、方法為主，具體針對 5S 管理，介紹工廠如何規劃、引進、宣傳、執行、評估、改善、標準化等活動。

本書上市後，許多企業團體採用為員工培訓教材，再版多刷，榮獲工廠管理圖書的暢銷書之列。

為感謝讀者的喜愛，本書 2018 年 5 月再推出全新版面的〈增訂六版〉，增加內容有：5S 活動珍貴案例、5S 活動的重點、5S 活動的實施、5S 活動的考核、5S 活動的發表會、標準化……，大幅度修改內容，放入更多實際企管案例，內文由最初第一版的 160 頁增補達 380 頁左右，希望讀者會喜歡我們的「更上一層樓」！

2018 年 5 月　增訂六版於台灣　宜蘭工業園區

《如何推動 5S 管理》 增訂六版

目　錄

第一部　5S 管理的活動重點

第一章　「整理」的工作重點 ／ 11

第一個 5S 即整理，是指將必需品與非必需品區分開，在工作崗位上只放置必需品。需要整理的物品包括：辦公區及物料區的物品、辦公桌及文件櫃中的物品、過期的表單和文件資料、私人物品以及堆積嚴重的物品等。

第二章　「整頓」的工作重點 / 25

第二個 5S 即整頓，將物品置於任何人都能立即取到和立即放回的狀態，即是整頓的工作。將留下來的物品要按合理的方式擺放整齊，並加以明確標識，整頓工作其實也是研究如何提高效率的一門科學。

第三章　「清掃」的工作重點 / 37

第三個 5S 即清掃，清掃就是對環境和設備的維護和點檢。將工作崗位變得乾淨整潔，將設備保養得完好，創造一塵不染的環境。要想做好清掃工作，必須劃分責任區域、制訂清掃標準、使用各種有效的清潔用具、定期進行清掃效果檢查。

第四章 「清潔」的工作重點 / 52

第四個 5S 即清掃,將整理、整頓、清掃後取得的良好作用維持下去,成為公司的制度,對已取得的良好成績,不斷進行持續改善,使之達到更高的境界。清潔就是將徹底的 3S 制度化的過程。

第五章 「素養」的工作重點 / 69

第五個 5S 即素養,素養的工作體現在對於規定事情,大家都按要求去執行,並養成主動發現問題、改善問題的好習慣。5S 的本質和終極目標就是讓人們的良好行為從「形式化」走向「行事化」,最後向「習慣化」演變。

第六章 「安全」的工作重點 / 84

第六個 5S 即安全，為清除隱患、排除險情、預防事故的發生，將「安全」也列為 5S 管理專案。安全是現場管理的前提，沒有安全，一切成果都失去了意義。加強班組安全活動，加強安全事故分析與危險作業分析，以避免事故出現。

第二部 5S 管理的推動重點

第七章 5S 管理的功能 / 98

5S 是對生產現場各生產要素(主要是物的要素)所處狀態不斷進行整理、整頓、清潔、清掃、提高素養、安全的活動。推動 5S 管理是為創造出優雅的工作環境、良好的工作秩序、嚴明的工作紀律，以提高工作效率、生產出精密化產品、減少浪費、節約物料成本和時間成本，確保安全生產的基本要求。

第八章　5S 管理活動的推進 / 112

　　5S 活動的推進導入，要建立一個部門作為核心力量來推動 5S 的實行。經營管理層重視、全員參與、持續改善是推進 5S 的有力保障。推進 5S 活動分三個階段實行：秩序化階段(整理、整頓、清掃)、透明化階段(清潔、安全)以及活性化階段(素養)。

第九章　5S 活動的管理辦法範例 / 167

　　5S 活動是管理工作的基礎，各種管理手法對於塑造企業的形象、降低成本、準時交貨、安全生產、高度的標準化、創造令人心曠神怡的工作場所、現場改善等方面發揮巨大作用。

第十章　5S 活動的實施 / 190

　　5S 活動不是一開始即在公司全面展開，而應先選擇特定的示範區域，樹立樣板單位，利用示範單位的經驗加快活動的進行。通過對試點部門 5S 試行結果進行檢討後，讓公司全員瞭解 5S 活動推行的進程。

第十一章　5S 活動的推進工具 / 231

　　企業依據自身實際狀況，採用適合的 5S 管理工具。例如，標誌牌作戰和紅牌作戰，可取得事半功倍的效果；視覺化的顏色管理，便於一目了然；只用眼睛一看，就能區分出正常或異常的目視管理；對庫存品和機械設備等進行整頓的佈告牌戰術；希望管

理的項目通過各類管理板顯示出來，使管理狀況眾人皆知的看板管理等。

第十二章　5S 管理培訓遊戲技巧 / 273

5S 推行是企業發展的需要，每位員工都要全力以赴。在活動管理推行的不同階段，通過不同的遊戲活動將 5S 管理內容融入其中，更具趣味性，參與性更強，讓人印象更深刻。

第十三章　5S 活動的評估與獎懲 ／ 282

要對 5S 進行評估，就必須在全公司實行評估標準。在整個活動推進過程中，進行定期診斷與查核，對活動過程中的偏差及時採取對策進行修正。5S 活動的獎懲，在於鼓勵先進、鞭策後進，形成全面推進的良好氣氛。

第十四章　5S 活動的成果發表會 ／ 318

5S 成果發表會是推行 5S 活動的重要組成部分，能給員工提供一個展示的平臺，讓員工在發表會上展示自我，體會成就感。通過發表會，大家可以相互切磋交流，分享 5S 活動所帶來的成果，藉成果發表會相互觀摩，並藉此提升全體品管水準。

第十五章　5S 活動的制度化──標準化 / 328

5S 推進到了一定程度，就進入了標準化階段。標準化可運用到生產、開發、設計、管理等方面，是一種非常有效的工作方法。可起到降低成本、減少工廠管理變化、增強便利性和相容性、積累技術經驗、明確崗位責任等積極作用。

第十六章　附錄：5S 活動推行手冊 / 346

第 *1* 章

「整理」的工作重點

一、5S「整理」的含義

整理
- 將現場物品區分為必要物與不要物，保留必要物，將不要物清理出工作現場

作用
- 節省作業空間
- 簡化管理對象
- 提高工作效率
- 減少作業差錯解釋
- 避免資金浪費

解釋
- 必要物：現場所需要的必要數量的物品，不足會影響正常工作
- 不要物：一類是物品本身不被需要；另一類是物品本身被需要但是數量太多，或出現得太早、太晚

含義：

第一個 5S 的「SEIRI」，是整理的意義，將必需物品與非必需品區分開，在崗位上只放置必需物品。

目的：

· 騰出空間

· 防止誤用

說明：

如果工作崗位堆滿了非必需物品，就會導致你的必需物品無處擺放，結果是增加一張工作台來堆放必需品，這樣一來就造成浪費，並形成惡性循環。

二、5S 整理的作用

1. 整理有以下作用

· 可以使現場無雜物，通道順暢，增大作業空間面積，提高工作效率；

· 減少碰撞，保障生產安全，提高產品質量；

· 消除混料差錯；

· 有利於減少庫存，節約資金；

· 使員工心情舒暢，工作熱情高漲。

2. 因缺乏整理而產生的各種常見浪費

· 空間的浪費；

· 零件或產品因過期而不能使用，造成資金浪費；

· 場所狹窄，物品不斷移動的工時浪費；

· 管理非必需品的場地和人力浪費；

· 庫存管理及盤點時間的浪費。

三、5S 整理的推行要領

1. 明確什麼是必需品

所謂必需物品，是指經常使用的物品，如果沒有它，就必須購入替代品，否則影響正常工作的物品。

而非必需品則可分為兩種：一種是使用週期較長的物品，例如 1 個月、3 個月甚至半年才使用一次的物品；另一種是對目前的生產或工作無任何作用的，需要報廢的物品，例如該產品已不生產的樣品、圖紙、零配件、設備等。

企業可以自行規定：一個月使用一兩次的物品不能稱之為經常使用物品，而稱之為偶爾使用物品。必需品和非必需品的區分和處理方法如表 1-1 所示：

表 1-1　必需品和非必需品的區分和處理方法

類別	使用頻度		處理方法	備註
必需物品	每小時		放在工作台上或隨身攜帶	
	每天		現場存放（工作台附近）	
	每週		現場存放	
非必需物品	每月		倉庫存儲	
	三個月		倉庫存儲	定期檢查
	半年		倉庫存儲	定期檢查
	一年		倉庫存儲（封存）	定期檢查
	兩年		倉庫存儲（封存）	定期檢查
	未定	有用	倉庫存儲	定期檢查
		無用	變賣／廢棄	定期檢查
	不能用		廢棄／變賣	立刻廢棄

2. 增加場地前，必須先進行整理

好不容易將工廠整理乾淨,如果還將不必要的物品也整齊地擺放在一起的話,那就會弄不清楚需要的物品為那一個,而且會因放置了不必要的物品,而放不下必需物品。

在整理時,一般的不要物,如價值不高的廢舊物品,大家都會很容易就作出判斷,但是對於一些可有可無,機能完好的物品,出於以防萬一的心態,往往會保留下來。另外有三類物品由於其特殊性,也容易被忽略:①閒置設備;②造成生產不便的門、牆;③不良品、返修品等。

整理需要的是捨棄的智慧,對一些可有可無的物品,不管是誰買的,有多昂貴,也應堅決處理掉,決不手軟!

所以當場地不夠時,不要先考慮增加場所,而要整理現有的場地,你會發現竟然還很寬闊!

判定完「必要物」與「不要物」之後,我們便要對物品尤其是不要物進行處理。根據物品的使用頻率來處理必要物和不要物是一種最常用的方法。如將使用頻率高的物品就近放置,使用頻率不高的物品放置在較遠處。

進行不要物處置的時候,不要按照個人的經驗來判斷,否則無法體現出 5S 管理的科學性。應通過一套標準流程進行處理。

四、5S 整理的重點對象

對工作場所的物品進行整理,諸如用剩的材料、多餘的半成品、切下的料頭、切屑、垃圾、廢品、多餘的工具、報廢的設備、工人個人生活用品等,要堅決清理出現場,從而創造出一個良好的工作環

境，保障安全，消除作業過程中的混亂。

　　企業中需要重點整理的物品包括：辦公區及物料區的物品、辦公桌及文件櫃中的物品、過期的表單和文件資料、私人物品以及堆積嚴重的物品。

五、5S 整理的推進步驟

第一步：現場檢查

　　對工作現場進行全面檢查，包括看得見和看不見的地方，如設備的內部、文件櫃的頂部、桌子底部等位置。

1. 老鼠蟑螂檢查法

　　老鼠喜歡呆在陰暗的角落，行走的時候也喜歡沿著牆角出現在不引人注意的地方。進行現場檢查的時候，也應該這樣。一定要把檢查重點放在一般人不容易注意的地方。如設備的內部、較大型設備不易清潔的底部、桌子底下、文件櫃的頂部、生產現場角落堆放的物料等。

　　把堆積的物品移走，或把櫃子移動就會發現許多令人觸目驚心的灰塵、毛髮、雜物等。

　　蟑螂喜歡陰暗、潮濕的角落和骯髒的物品。蟑螂出沒的地方，就是 5S 活動的工作重點。

　　現在許多企業，表面上的問題大都已基本解決，所以需要在檢查時，沿著老鼠和蟑螂的足跡，去查找現場隱蔽場所存在的深層次問題。

2. 下班後檢查法

　　在下班後，巡視空無一人的工廠，此時最能清楚地瞭解現場的狀況。是否有多餘的物品？材料、零件用畢是否歸位？工作結束，有沒有為明天做準備？下班後檢查法常只對白班企業有效，對三班倒企業

沒太大效果,只有停產時才可以有效使用。

這兩種方法不僅可以應用在 5S 整理的檢查,也可以應用在 5S 其他階段的檢查工作中。

第二步:區分必需品和非必需品

管理必需品和清除非必需品同樣重要。我們先要判斷出物品的重要性,然後根據其使用頻率決定管理方法,如清除非必需品,用恰當的方法保管必需品,便於尋找和使用。對於必需品,許多人總是混淆了客觀上的「需要」與主觀「想要」的概念。他們在保存物品方面總是採取一種保守的態度,即「以防萬一」的心態,最後把工作場所幾乎變成了「雜物館」。所以管理者區分是「需要」還是「想要」是非常關鍵的。

第三步:清理非必需品

清理非必需品時,把握的原則是看物品現在有沒有「使用價值」,而不是原來的「購買價值」,同時注意以下幾個著眼點:

‧ 貨架、工具箱、抽屜、櫥櫃中的雜物、過期的報刊雜誌、空罐、已損壞的工具、器皿;

‧ 倉庫、牆角、窗台上、貨架後、櫃頂上擺放樣品、零件等雜物;

‧ 長時間不用或已經不能使用的設備、工具、原材料、半成品、成品;

‧ 辦公場所、桌椅下面、揭示板上的廢舊文具、過期文件及表格、資料記錄等。

⑴判斷不要物要點

①使用頻率。判斷不要物,不是根據物品好壞,而是根據使用頻率來決定的。對於閒置超過一個月的物品,必須清理出工廠;使用頻率一個星期之內的可以放在生產現場;對於使用頻率在一個星期到一

個月之間的，可根據具體情況決定。

同時還需注意，有些情況是根據企業自身規定進行判斷的，例如：有些企業規定，原料不准在工廠過夜，那麼，就意味著原材料的使用頻率判定規則為一天。

②有用但多餘，屬不要物。

③有用但不急用，根據頻率判定原則，屬不要物。

④客觀不需要而主觀想要的物品，屬不要物。很多現場管理者在保存物品方面總是採取一種保守的態度，也就是「以防萬一」的心態，認為有些物品幾個月或者幾年後可能會用到，捨不得處理，結果導致無用品過多的堆積，把工作場所變成了「雜物館」。

針對這個問題，我們可以應用抽屜法則。

⑵**抽屜法則在整理階段的應用**

有人在整理抽屜時，會先把抽屜倒空，然後再從倒出來的東西中尋找有用的往抽屜裏面擺放，而不是從裝滿物品的抽屜裏往外拿不用的東西。

這種清理抽屜的思路也可以用在判斷現場必要物和不要物上。根據現場工作的需求，列出必要物清單，然後將其他物品清理出去；而不是從所有物品中找出不要物，並對其進行清理。

①先列出未來每天、每週、每月的工作內容（生產任務、管理工作等）。

②根據這些工作列出所需物品清單。

③將這些物品清單與現場的物品進行比較，只要不在清單上的，一律拿走，存放起來或者廢棄處理。

將現場不需要物品處理掉並不意味著一定要當作垃圾賣掉，可能只是將他們拿出工廠，放到倉庫存放而已。

表 1-2 「必要物」與「不要物」分類標準

類別	位置	標準示例
必要物	設備、裝備	1. 正常的設備、機器或電氣裝置 2. 附屬設備（工作台、料架） 3. 台車、推車、堆高機 4. 正常的工作椅、板凳 5. 墊板、塑膠籃、防塵用品
	工具	1. 正常使用中的工具 2. 辦公用品、文具 3. 使用中的清潔用品 4. 使用中的垃圾桶、垃圾袋
	物品	1. 尚有使用價值的消耗用品 2. 原材料、半成品、成品 3. 尚有利用價值的邊料 4. 使用中的樣品
	看板、文檔	1. 美化用的海報、看板 2. 推進中的活動海報、看板 3. 有用的書稿、雜誌、報表
不要物	地面	1. 廢紙、灰塵、雜物、煙蒂 2. 油污、積水 3. 不再使用的破託盤、紙箱、包裝箱、破籃筐、抹布、垃圾桶
	設備、裝備	1. 報廢、多年不用的設備 2. 無法修理好的儀器儀表等 3. 不再使用的配線、配管 4. 不再使用的工裝夾具 5. 不屬於設備的多餘物品、工具、螺絲螺帽等異物
	桌子、文件櫃	1. 多餘的辦公桌椅、私人用品、破玻璃台板 2. 破舊書籍、報紙 3. 過時無用的文件、報表、帳本 4. 停止使用的標準、資料，過期的作業指示書
	物料區、物料架	1. 過期、報廢、停產的成品、半成品、原材料、樣品 2. 不能使用的舊手套、破抹布、砂紙、各種管線、標牌、掛具
	牆壁上	1. 蜘蛛網 2. 過期海報、看板、指示牌、標語 3. 無用的粘貼物、粘貼物殘膠

第四步：非必需品的處理

對非必需品的處理，一般有幾種方法：

圖 1-2　非必需品的處理

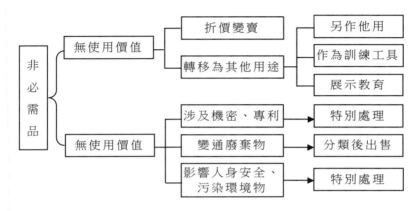

第五步：每天循環整理

　　整理是個永無止境的過程。現場每天都在變化，昨天的必需品在今天可能是多餘的，今天的需要與明天的需求必有所不同。整理貴在日日做、時時做；偶爾突擊一下，做做樣子的話，就失去了整理的意義。

六、5S 整理的實戰技巧與案例

1. 廢棄無使用價值的物品

- 不能使用的舊手套、破布、砂紙；
- 損壞了的鑽頭、絲錐、磨石；
- 斷了的錘、套筒、刃具等工具；
- 精度不準的千分尺、卡尺等測量具；

- 不能使用的工裝夾具；
- 破爛的垃圾桶、包裝箱；
- 過時的報表、資料；
- 枯死的花卉；
- 停止使用的標準書；
- 無法修理好的器具設備等；
- 過期、變質的物品。

2. 不使用的物品不要

- 目前已不生產的產品的零件或半成品；
- 已無保留價值的實驗品或樣品；
- 多餘的辦公桌椅；
- 已切換機種的生產設備；
- 已停產商品的原材料；
- 安裝冷氣機後的落地扇、吊扇；
- 加工錯誤無法複修的產品。

3. 銷售不出去的產品不要

- 目前沒登記在商品目錄上的產品；
- 已經過時的、不合潮流的產品；
- 預測失誤造成生產過剩的產品；
- 因生銹等原因不能銷售的產品；
- 有致命缺陷的產品；
- 積壓的不能流通的特製產品。

4. 多餘的裝配零件也不要

- 沒必要裝配的零件不要；
- 能共通化的儘量共通化；

· 設計時從安全、品質、操作方面考慮，能減少的儘量減少。

5.造成生產不便的物品不要

· 取放物品不便的盒子；

· 為了搬運、傳遞而經常要打開或關上的門；

· 讓人繞道而行的隔牆。

6.佔據工廠 重要位置的閒置設備不要

· 不使用的舊設備；

· 偶爾使用的設備；

· 主管購買的，沒有任何使用價值的設備。

7.不良品與良品分開擺放

· 設置不良品放置場；

· 規定不良品的標識方法，讓誰都知道那是不良品；

· 規定不良品的處置方法和處置時間、流程。

8.減少滯留，謀求物流順暢

· 工作崗位上只能擺放當天工作的必需品；

· 工廠是否被零件或半成品塞滿；

· 工廠的通道或靠牆地方，是否擺滿了卡板或推車。

 案例 汽車公司的「整理」活動

　　汽車製造公司開展 5S 活動，最先進行的是整理工作。公司 5S 推進辦公室人員首先制訂出標準，用以判斷那些物品要保留（必要物），那些物品清理掉（不要物）。

　　5S 推進部門制訂出不要物判定規範，如表 1-3 所示。

表 1-3　不要物判定規範

不要物項目	具體解釋	備註
產成品、物料	停產、過期產品，不良品，報廢品，呆滯料，樣品	停產汽車的部份維修配件屬必要物
設備	報廢設備及其相關配管、配線	無法移動者，要掛牌
工裝夾具	完全損壞，磨損，多餘	部份可放入再利用區
桌、台、椅	殘破，多餘	部份可放到再利用區
料架、櫃、容器	殘破、損壞，多餘	部份修復後再利用，部份可放到再利用區
清掃工具	破損，多餘	
管理看板	看板破損，內容過期	修復破損看板，清理過期內容

　　制訂出規範後，就開始整理現場，清理不要物。隨著整理的開展，現場出現了空地。活動開展一個半月以後，公司組裝工廠和半成品倉庫內分別空出了大約 50 平方米和 100 平方米的地方。

　　公司總經理看到這種情況，認為如果這個倉庫就這麼空著，會造成工作人員的疏鬆感，認為有大量的空地可以存放庫存，從而造成非必需品的堆積。於是他開始徵集員工的意見，想對空出來的倉庫進行改造。

　　最後倉庫變成了一個即使下雨也能使用的體育活動室。到了休息時間各部門員工都會聚集在這裏，大家通過體育活動進行交流及團隊默契的培養。5S 整理的推行使公司員工得到了健身設施，讓員工體會到了進行 5S 現場改善的好處。同時，由於工廠倉庫用地的減少，迫使企業持續地進行庫存控制，減少了庫存成本。

案例 電子公司不要物處理的規程

第一條 目的

為使工作現場的「不要物」及時、有效地得到處理，使現場環境、工作效率得到改善和提高，特制訂本規範。

第二條 定義

不要物：工作現場中一切不需要的物品。

第三條 職責劃分

1. 生產部負責非必需設備、工具、儀錶、計量器具、物料、原材料的處置。

2. 辦公室負責不要物的審核、判定、申報。

3. 財務部負責不要物處置資金的管理。

4. 品管部負責非必需物料的檔案管理和判定。

5. 設備部負責非必需設備、工具、儀錶、計量器具的檔案管理和判定。

6. 技術部負責非必需原材料的檔案管理和判定。

第四條 工作程序

1. 日常工作中，各工廠、各部門及時清理「不要物」，將「不要物」置於暫放區，報責任部門主管審核判定後，由責任部門進行分類和標識，並記錄在「不要物處置匯總表」及台賬中。

2. 正常情況下，每月一次向有關部門申報處理「不要物」。由責任部門分類填好「不要物處置匯總表」，報公司總經理審核、批准。

3. 各部門需每季(特殊情況除外)匯總「不要物處置匯總表」一次，並於下一季第一個生產例會報主管經理，協調設備部、財務部、

銷售部、設備廠判定處理方案。

4. 各相關部門嚴格按照批准的方案實施，完畢後填寫「不要物處置匯總表」報財務部。

不要物處理後，通過「不要物處理情況匯總表」進行登記，可以做到管理有序、透明化，在整理階段進行不要物檢查的過程中，工廠要建立暫存區，而公司要建立再利用區。

表 1-4 不要物處置匯總表

責任部門：　　　　　　填報人：　　　　　　填報日期：

物品名稱	型號規格	數量	處理方式	理由	備註
螺帽	M3	10	移至倉庫	多餘	
螺帽	M5	7	移至倉庫	多餘	
鑽頭	12mm	13	廢棄	磨損報廢	
鑽頭	8mm	9	廢棄	磨損報廢	
檢測夾具		1	移至工具庫	被檢測產品已停產	
木桌	110cm×60cm	1	移至再利用區	多餘	
呆頭扳手	22	1	移至再利用區	多餘	

心得欄 ----------------------------

第 2 章

「整頓」的工作重點

一、5S「整頓」的含義

整頓
・將留下來的必要物按科學合理的方式擺放整齊，並加以明確標識，做到拿取與放回高效率

作用
三易
・易見
・易取
・易還

要點
四定
・定數量：確定最高限度、最低限度
・定位置：位置固定、合理、便利
・定方法：立體放置、容器盛放
・定標識：清晰、規範、一目了然

含義：

將必需物品置於任何人都能立即取到和立即放回的狀態。

目的：

・工作場所一目了然；

・消除找尋物品的時間；

・有規律的工作秩序。

說明：

整頓其實也是研究提高效率的科學。它研究怎樣才可以立即取得物品，以及如何立即放回原位。任意決定物品的存放並不會讓你的工作速度加快，它會讓你的尋找時間加倍。我們必須思考分析怎樣拿取物品更快，並讓大家都能理解這套系統，遵照執行。

二、5S 整頓的作用

1. 整頓有以下作用

・提高工作效率；

・將尋找時間減少為零；

・異常情況（如丟失、損壞）能馬上發現；

・非擔當者也能明白要求和做法；

・不同的人去做，結果是不一樣的（已經標準化）。

圖 2-2　物料尋找流程圖

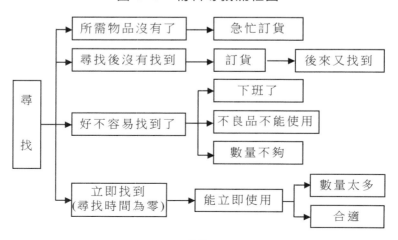

2. 因沒有整頓而產生的浪費

· 尋找時間的浪費；

· 停止和等待的浪費；

· 認為沒有而多餘購買的浪費；

· 計劃變更而產生的浪費；

· 交貨期延遲而產生的浪費。

三、5S 整頓的推行要領

1. 徹底地進行整理

· 徹底地進行整理，只留下必需物品；

· 在工作崗位只能擺放最低限度的必需物品；

· 正確判斷出是個人所需品還是小組共有品。

2. 確定放置場所

定位置就是在整頓過程中根據物品的使用頻度來決定合理放置位置。定位置有以下幾個要點需要遵守。

如果物品經常更換存儲位置，會造成拿取效率低下，增加尋找時間。有時，有的員工由於沒有及時找到所需物品，又去重新申請採購，從而導致企業成本增加。將物品的放置位置固定下來，有利於員工記憶和尋找，提高拿取效率。

在整理階段，我們已經應用了按頻率原則來區分必要物和不要物，將使用頻率低的物品清理出工廠。現在，這一原則繼續加以延伸，使用頻率高的物品放在身邊，使用頻率稍低的物品放在離身邊稍遠的工廠其他地方。盡可能將工具等最常用的東西放置於作業場所最接近的位置，避免使用和歸還時過多地行走。

按使用順序放置，這樣不容易取錯、放錯，形成習慣後可以提高取放效率。

按重低輕高、大低小高的原則擺放。

· 放在崗位上那一個位置比較方便？進行佈局研討；

· 製作一個模型(1/50)，便於佈局規劃；

· 將經常使用的物品放在工段的最近處；

· 特殊物品、危險品設置專門場所進行保管；

· 物品放置 100%定位。

3. 規定擺放方法

(1) 定點

· 確定擺放方法，例如：架式、箱內、工具櫃、懸吊式，在規定區域放置；

· 儘量立體放置，充分利用空間。

(2) 定類

· 產品按機能或按種類區分放置；

· 便於拿取和先進先出。

(3) 定量

定數量的原則是在不影響工作的前提下，數量越少越好。

在 5S 管理中，對於預先設定的最大、最小庫存量和訂貨庫存量，可以在相應的數量處分別用三種顏色(如：紅、黃、綠)做標識限制線，也可以用文字、數字寫明。

· 確定使用數量；

· 確定所用容器和顏色等識別方法；

· 做好防潮、防塵、防銹、防撞等措施。

4. 進行標識

　　形跡管理：是物品定置擺放的一種好方法，就是將零件、工具、夾具等物品，在其放置場所，按照投影的形狀繪圖、刀挖或嵌入凹模等方法，把物品放在上面。這樣，任何人都能一目了然地知道什麼物品應該放在什麼地方、怎麼放、什麼物品不見了，並很容易地使工具準確歸還原位。

　　在「取用」和「歸還」之間，應特別重視「歸還」，而形跡管理關注的就是這個重點。

　　⑴工具形跡管理。在放置工具的櫃子裏，平放或斜放的隔板上或者在掛放的櫃壁上用顏色畫出工具的形狀。

　　⑵物品形跡管理。可以在放置垃圾桶的地上、放花瓶、水杯的位置上，用顏色畫出他的底部形狀。

　　⑶放置整齊容易化。在許多時候，我們被要求物品放置整齊，但卻沒有好的裝置來保證物品的整齊化。

　　在這裏要注意，雖然介紹了很多將物品擺放整齊的方法，但重點不是檢查、監督員工把物品放整齊，而是與員工一起探討，找到如何才可以把物品容易放整齊的好方法、好裝置。

　　‧採用不同色的油漆、膠帶、地板磚或柵欄劃分區域；

　　‧通道最低寬度為：

　　人行道：1.0 米以上；

　　單向車道：最大車寬＋0.8 米；

　　雙向車道：最大車寬×2＋1.0 米；

　　‧一般區分：

　　綠色：通行道／良品；

　　綠線：固定永久設置；

黃線：臨時/移動設置；

白線：作業區；

紅線：不良區/不良品。

‧ 在擺置場所標明所擺放物品；

‧ 在擺放物體上進行標識；

‧ 根據工作需要靈活採用各種標識方法；

‧ 標籤上要進行標明，一目了然；

‧ 某些產品要註明儲存/搬運注意事項和保養時間/方法；

‧ 暫放產品應掛暫放牌，指明管理責任人、時間跨度。

‧ 標識 100%實施。

四、5S 整頓的推行步驟

第一步：分析現狀

人們取放物品的時間為什麼這麼長？追根究底，原因包括：

‧ 不知道物品存放在那裏；

‧ 不知道要取的物品叫什麼；

‧ 存放地點太遠；

‧ 存放地點太分散；

‧ 物品太多，難以找到；

‧ 不知是否已用完，或別人正在使用(沒找到)。

日常工作中必需物品的管理狀況如何，必須從物品的名稱、分類、放置的規範化情況做調查分析，找出問題所在，對症下藥。

第二步：物品分類

根據物品各自的特徵，把具有相同特點/性質的物品劃為一個類

別，並制定標準和規範為物品正確命名、標識。

　　‧ 制定標準和規範；

　　‧ 確定物品的名稱；

　　‧ 標識物品的名稱。

第三步：決定儲存方法

1. 場所

整頓後，空間重新佈局，明確物品放置場所。

表 2-1　明確物品放置場所

類別	使用頻率	處理方法	放置場所
幾乎不用	全年難得用一回	廢棄、變賣	待處置中
偶爾用	每年用數回	存庫管理	倉庫集中
少用	每月用數回	工廠內	工廠存放區
常用	每日用數回	工作區內	崗位旁邊
多用	每小時用	隨手可得	手邊或隨身攜帶

2. 方法

　　依據物品用途、功能、形狀、大小、使用頻度，決定豎放、橫放、直角、斜置、吊放、鉤放等；放幾層，放上、放下、放中間等等。

3. 標識

　　標識在人與物、物與場所的作用過程中起著指導、控制、確認的作用。在生產中使用的物品品種繁多，規格複雜，它們不可能都放置在操作者的手邊，如何找到，需要一定的資訊來指引。因此，在現場管理中，完善、準確而醒目的標識十分重要，它是使得現場一目了然的前提。好的標識是指：任何人都能十分清楚任何一堆物品的名稱、規格等參數。

表 2-2　整頓的具體做法、事例及效果

具體做法	效果	事例
· 騰出空間 · 規劃放置場所及位置 · 規劃放置方法 · 設置標識 · 擺放整齊、明確	· 可快速找到需要使用的物品 · 使用者熟知各個物品的位置 · 其他工作人員對物品的擺放一目了然	· 個人的辦公桌及抽屜 · 文件、檔案的分類、編號或顏色管理 · 原材料、零件、半成品、成品的堆放及指示 · 通道、走道暢通 · 消耗性用品(如抹布、手套、掃把)定位擺放

五、5S 整頓的實戰技巧與案例

1. 作業台的整理整頓

· 清理多餘的作業台、架櫃;

· 墊高,便於作業;

· 加車輪,便於作業切換;

· 多餘的支撐腳切除,方便清掃;

· 翻新、維修加固;

· 對於怕碰撞的產品,作業台可加防護墊。

2. 配線、配管的整理整頓

· 架高或加束套;

· 標示和顏色管理;

· 拆遷、搬移的容易化;

· 必要時,可以考慮重新佈線。

3. 工具、夾具類整頓

· 通過加手柄等方法進行改造,儘量不使用工具;

- 合併或共通化，減少種類數量；
- 放置於立即可拿取的位置；
- 一拿到手，就可進行工作；
- 一放手，就可輕易歸定位；
- 依使用順序放置。

4. 刀具、模具類的整頓

- 要用的保持到最低數量；
- 有防銹要求的加墊浸油的細絨布或其他方式防銹；
- 容易碰傷的分格或用波浪板保管；
- 直立式保管時，安全上要考慮加覆蓋保護。

5. 油脂試劑類的管理

- 種類儘量減少；
- 以顏色或形狀管理，容易分辨使用；
- 標識名稱使用週期；
- 集中保管，設定放置場所、數量、容器大小；
- 依油脂試劑及添加口形狀準備輔助工具；
- 考慮防火、公害、安全等問題。

6. 整頓的評定水準

表 2-3　整頓的評定水準

5 級	最好的是不需要做整頓	共通化
4 級	一步到位，不用做多餘的整頓	懸掛
3 級	不用搜尋，十分方便	使用最近化、容易化
2 級	放置狀況一目了然	看板、色別、行跡
1 級	進行了分類和放置較為方便	三定三要素
0 級	沒有整頓的意識，亂七八糟	

案例 傢俱公司工具箱「整頓」活動

傢俱公司推行 5S 管理活動，其中一個重要工作，就是對工具箱進行整理整頓，行動方案共分三步：準備、制訂規範和檢查評比。

第一步，整理整頓前的準備

把工廠內部工具箱都進行拍照，進行整理後再進行拍照進行對比，這樣可以讓員工有成就感，以後工作更有積極性。

第二步，制訂工具箱管理規範

1. 工具箱外觀

⑴外觀整潔無污漬。

⑵工具箱上部不得放置物品。

⑶開關隨時保證整潔完好。

⑷班後工具箱外部無工具、檢具、手套、抹布、水杯及其他任何雜物。

⑸文件夾板上只有一張必備的作業指導書、首件單、點檢表及原始記錄，不得多於一張。

2. 工具箱標識

⑴圖 2-3 為工具架、模具架等標識牌的示例。

⑵圖 2-4 為工具櫃標識牌的示例，要貼在櫃門左上角。

3. 工具箱內部

⑴標識清楚：所有工具、檢具及物品對號入座。

⑵整潔：保證內部各層面無鐵屑、污漬、碎紙片、沒用的塑膠袋、紙殼。

圖 2-3　工具架、模具架等標識牌的示例

加工廠
刀具架 責任人： 第一層：＿＿＿＿＿＿ 第二層：＿＿＿＿＿＿ 第三層：＿＿＿＿＿＿

圖 2-4　工具櫃標識牌的示例

機加工工廠
1＃工具櫃 責任人： 類別： (1)＿＿＿＿　　(4)＿＿＿＿ (2)＿＿＿＿　　(5)＿＿＿＿ (3)＿＿＿＿　　(6)＿＿＿＿

(3)明細表：在工具箱門內右側有工具箱內明細表(含層、位、架號、名稱、型號)。

(4)工具箱內部工具及檢具要方便取用，最常用的放在最方便取用和顯眼位置。

4. 工具和量檢具要求

⑴工具和量檢具不得有積存油污；

⑵較大工具和量檢具必須有編號，並且與工具箱內位置對應；

⑶抹布和手套及時清洗，盡量保證整潔。

5.資料和記錄要求

⑴每種空白記錄不得多於一本，必須在工具箱內部定位存放；

⑵已記錄資料必須在當月上交歸檔，不得存有上個月份的記錄。

第三步，進行檢查評比

⑴每天班長檢查操作工工具箱，工廠主任每週進行檢查兩次。

⑵每週五生產經理帶隊、各工廠主任隨從，對所有工具箱進行檢查和評比，評出最差工具箱和最優工具箱，對最優工具箱月末加分，最差工具箱扣分。

⑶對有創意的思路給予加分，對堅持最好的給以加分。

⑷對平時不整理，狀況髒亂差，到檢查時間突擊整理的予以扣分。

心得欄 _____

_____

_____

_____

_____

_____

第 **3** 章

「清掃」的工作重點

一、5S「清掃」的含義

```
清掃  →  ·將工作場所和工作中使用的設備清掃乾
         淨,保持工作環境乾淨、亮麗
                    ⇓
         作用  →  ·環境整潔、心情愉快
                   ·產品乾淨、沒有劃痕
                   ·沒有髒汙、設備完好
要點
三掃
 ⇓
·掃黑:垃圾、灰塵、粉塵、紙屑、蜘蛛網等
·掃漏:漏水、漏油、漏氣等
·掃怪:異常聲音、溫度、振動等
```

含義:

將工作崗位變得無垃圾、無灰塵,乾淨整潔,將設備保養得鋥亮完好,創造一個一塵不染的環境。

目的:

· 保持良好的工作情緒

‧ 穩定品質

‧ 達到零故障、零損耗

說明：

經過整理、整頓，必需物品處於立即能取到的狀態，但取出的物品還必須完好可用，這是清掃最大的作用。所以，清掃就是對環境和設備的維護和點檢。

二、5S 清掃的作用

1. 清掃就是點檢

拿著拖把或者抹布進行衛生清潔，這種「清掃」其實就是我們常說的大掃除。

清掃就是點檢，對設備的清掃本身也是對設備的維護。根據「誰使用誰管理」的原則，讓設備的使用者參與設備的自主維護，既可以激發使用者對設備使用的責任感，又由於使用者與設備朝夕相伴，對設備的性能最為瞭解，通過清掃與機器設備的「親密接觸」，可以預先發現異常，避免故障的發生。

所以對設備的清掃有以下作用：

‧ 任何人都能夠判斷正常和異常，降低了使用、管理難度；

‧ 點檢位置、步驟要求明確，容易操作；

‧ 通過目視管理及異常警示，使維護保養容易進行；

‧ 良好的運行管理機制，能夠預防故障的發生。

2. 無塵化

目前出現不少「無人化」工廠。所謂「無人化」工廠並非真正沒有人，而是指自動化程度很高，工作人員數量少，靠設備的自動運行、

自動生產。日本人說：「無人始於無塵」，就是說，這樣高度自動化的企業若能真正保證無人運轉的順利、穩定，首先要做到「無塵」。塵土雖小，但潛移默化產生的破壞作用卻很大。

圖 3-2　灰塵的影響

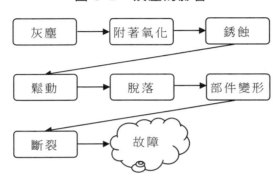

清掃能夠讓員工不但需要去關心、注意設備的微小變化，細緻維護好設備，還必須時時刻刻維持整潔乾淨的環境。因此，為設備創造一個「無塵化」的使用環境，設備才有可能做到「零故障」，這是「無人化」工廠的基本條件。

三、5S 清掃的推行要領

1. 主管以身作則

成功與否的關鍵在於主管，如果主管能夠堅持這樣做十天，大家都會很認真地對待這件事；很多公司 5S 推行得不好，那是因為 5S 僅靠行政命令去維持，缺少主管的以身作則。

2. 人人參與

公司所有部門、所有人員（包括最高主管）都應一起來執行這個工作。

3. 責任到人

最好能明確每個人應負責清掃的區域,分配區域時必須絕對清楚地劃清界限,不能留下沒有人負責的區域(即死角)。

4. 自己動手

自己清掃,不依賴清潔工。對自己的責任區域都不肯去認真完成的員工,不要讓他負責更重要的工作。

5. 清掃就是點檢

一邊清掃,一邊改善設備狀況。把設備的清掃與點檢、保養、潤滑結合起來。

6. 防治污染源

尋找並杜絕污染源,如油管漏油、磨擦噪音處理;並建立相應的清掃基準,促進清掃工作的標準化。

四、清掃責任制:公開宣示

有的企業在保持清潔狀態的過程中,配備了專職的清掃人員,但效果並不好,為什麼?因為操作員沒有參加清掃過程,自己不掃就不會珍惜,導致現場容易再次髒亂。所以,要想做好清掃工作,首先要給操作員工劃分責任區域。對現場區域進行責任區劃分,實行區域責任制,責任到人。要做到每個區域都有責任人,每個員工都有責任區,不漏區域、不漏人。

不漏區域:就是不留無責任人的衛生死角。如果一個工廠有很多無人負責的死角,那麼現場清掃就很難有效推行。

不漏人:每一個人都要參與清掃活動,例如每天下班之前 5 分鐘進行清掃,幾點到幾點清掃,從那兒清掃到那兒等。

　　建議企業在每名員工的清掃責任區內張貼責任區視覺化標籤，標籤上一標明清掃責任人；二寫明清掃方法，幫助員工高速高效地完成清掃工作。

　　為什麼用視覺化標籤可以提高清掃的效果？因為視覺化標籤可以加強員工的責任感、羞恥心。員工的名字就掛在可以看得見的地方，責任區如果太髒亂，員工會不好意思與同事打招呼。另外，主管進行清掃工作檢查，發現現場髒亂差時，可以立刻找到責任人，而不必去找主管詢問。

五、清掃標準：清掃作業指導書

　　確定了清掃責任區和責任人，就要著手制訂清掃標準。清掃標準要詳細，要把清掃標準當成清掃的作業指導書來進行編寫。

　　具體內容包括以下一些方面：

・ 清掃區域、清掃對象；

・ 清掃責任人；

・ 清掃工具，清掃方法與要點；

・ 清掃標準；

・ 清掃週期與清掃時間。

　　現在，大多數企業只有清掃檢查標準，而沒有清掃作業標準，所以在推進 5S 的過程中，要重視清掃作業標準書的制訂。

　　在清掃作業標準中，要強調容易遺忘的角落、清掃困難部位、污染發生源等重點。清掃作業標準越詳細，員工清掃仔細的可能性就越大。

　　清掃作業標準還可以作為新員工進行清掃的培訓教材。

表 3-1　冷氣機清掃點檢標準表

項目	工具與方法	清掃要點	清掃標準	週期
週邊環境	・ 用拖布或掃把清掃	・ 注意設備底下	・ 無積水 ・ 無髒汙	1 日/次
外表面頂蓋部	・ 用棉布塗上適當類別的清洗劑擦拭 ・ 用乾布擦乾	・ 注意背面及不常觸及的部位	・ 無灰塵 ・ 無污垢	1 日/次
出風口入風口	・ 過濾網用清水清洗 ・ 用布擦乾	・ 注意晾乾後再裝入	・ 無灰塵 ・ 無破損	1 週/次

六、清掃環境：不留死角，隨時打掃

確定完清掃責任區和制訂完清掃標準後，員工們就要開始進行工作現場清掃。

清掃時，需要清掃的地方不僅僅是人們能看到的地方，要不留死角，將地板、牆壁、天花板，甚至燈罩裏面都要打掃得乾乾淨淨，認真清除常年堆積的灰塵污垢。在設備底下、櫃架後面的角落等通常看不到的地方也應進行認真徹底的清掃，從而使整個工作場所保持清潔。

用各種有效的清潔用具對場地、區域進行打掃、去髒的活動。如：用掃帚、拖把對地面的清掃、拖擦；用抹布對設備、窗戶進行抹擦、清理；用毛巾、紗布對工作台、辦公桌的擦洗、去髒等。

將清掃落實到日常工作之中，規定例行清掃的內容，包括隨時、每日、每週的清掃時間和內容，幫助員工養成清掃習慣。

對於有些容易產生粉塵、碎屑的場合，要注意在工作間隙的時候隨時打掃，不要等到下班，積攢了一大堆垃圾再進行清理，這樣既可

以防止上班期間的污染擴散，還可以減少下班時的清掃工作量。

　　要像理髮店裏的實習生一樣，一有空閒時間，就馬上把地上的髒汙清掃乾淨，隨時保持現場的乾淨整潔。

七、清掃用具：整齊放置、觸手可及

　　清掃用具包括掃把、拖布、垃圾鬥、垃圾箱等。對這些清掃用具要認真管理，不能讓清掃用具成為污染的源頭。

1. 清掃工具

　　各類清潔用具使用後，應選擇適宜的地方集中規則擺放，切不可隨地亂扔，這樣不僅有礙現場美觀，同時，又給下次清掃增加尋找工具的時間。

　　清掃工具放置的原則有：

　　⑴打掃類用具應單支懸掛，手柄向上，不得雜亂堆放；

　　⑵拖把應擰乾水分後懸掛，以免弄濕地板；

　　⑶抹布的大小要適宜，用起來順手，抹布應逐塊掛放；

　　⑷掃帚或抹布等應進行數量管理，不能因堆放抹布而破壞現場的整潔度。

2. 垃圾箱

　　設立分類垃圾箱，便於垃圾分類回收。垃圾分為可再生垃圾（塑膠、金屬等）和不可再生垃圾（生活垃圾等）。注意把生活垃圾和工業垃圾分開放置。

　　在垃圾存放標準中，要明確指出垃圾箱裏的垃圾不能超過平面，應及時清空，避免垃圾外溢。

3.清潔工具就近放置原則

當我們發現地面有雜物、碎屑，想要進行打掃時，如果發現清掃工具放置過遠，那麼難免就會產生過會兒再打掃。即使立刻打掃了，也有可能因為遠距離歸還打掃用具而產生惰性。

對管理人員而言，也許認為不就幾步路嗎，沒什麼大不了的，但實際上這種不為員工著想的做法的直接後果就是員工的消極應付。

把清掃工具放在近處，儘管可能略微影響美觀，但是便於員工使用，可以有效地避免工作現場出現未及時進行清潔的髒亂現象。

垃圾箱也是如此，在有些場合，作業時不斷產生碎屑，為了防止碎屑飛散，可以把垃圾箱設置在作業台下面，作業時讓碎屑直接落在垃圾箱裏，避免產生現場凌亂。

八、檢查清掃結果：關注細節與角落

清掃任務佈置下去之後，必須定期進行清掃效果檢查，否則清掃活動會越來越鬆懈，最後不了了之。要進行檢查，就要建立檢查標準，制訂清掃檢查確認表，如表 3-2 所示。

還記得不要物檢查的老鼠蟑螂檢查法嗎？在清掃檢查時，這種方法更要應用。要溜牆角走，多注意設備底下、頂部、櫃子裏面，這些容易藏汙納垢的地方，是清掃檢查的重點。

檢查時，不僅要用眼睛看，還要用手摸。許多現場管理嚴格的企業在進行現場檢查時，會戴著白手套進行檢查，時不時地用白手套去擦拭，確定是否已進行認真清掃。

表 3-2 清掃檢查確認表

5S 磨光機區域											
責任人：王強　趙世文　徐孟軍								照片			
5S 現場清掃內容					檢查人：						
區域	清掃部位	清掃週期	檢查要點	責任人	月　日			月　日			檢查人員確認
					週一	週二	週三	週四	週五	週六	週日
設備	內部、外部、週邊	1 次/天	眼觀乾淨、手摸無灰塵								
貨架	貨架、物品	1 次/天	無灰塵，無雜物								
窗戶	窗台、玻璃	1 次/週	每週末打掃，無雜物，無灰塵								
地面	地面	1 次/天	清潔，無油污，無積水								
	通道	1 次/天	清潔，無堆放物								
	物品	1 次/天	整齊，穩固，無灰塵								
	清潔工具	1 次/天	整齊，乾淨								

九、5S 清掃的推進步驟

第一步：準備工作

安全教育——對員工做好清掃的安全教育，對可能發生的受傷、事故(觸電、掛傷碰傷、滌劑腐蝕、塵埃入眼、墜落砸傷、灼傷)等不安全因素進行警示和預防。

設備基本常識教育——對為什麼會老化、會出現故障，有什麼樣的方法可以減少人為劣化因素，如何減少損失進行教育。

瞭解機器設備——通過學習設備基本構造,瞭解其工作原理,繪製設備簡圖及對出現塵垢、漏油、漏氣、振動、異音等狀況的原因解析,使員工對設備有一定的瞭解。

技術準備——指導及制定相關指導書,明確清掃工具、清掃位置、加油潤滑基本要求、螺釘卸除緊固方法及具體順序步驟等。

第二步:從工作崗位掃除一切垃圾、灰塵

· 作業人員動手清掃而非由清潔工代替;

· 清除長年堆積的灰塵、污垢,不留死角;

· 將地板、牆壁、天花板,甚至燈罩的裏邊打掃乾淨。

第三步:清掃點檢機器設備

· 設備本來是一塵不染、乾乾淨淨的,所以我們每天都要恢復設備原來的狀態,這一工作是從清掃開始的;

· 不僅設備本身,連帶其附屬、輔助設備也要清掃(如分析儀、氣管、水槽等);

· 容易發生跑、冒、滴、漏部位要重點檢查確認;

· 油管、氣管、空氣壓縮機等不易發現、看不到的內部結構要特別留心注意;

· 一邊清掃,一邊改善設備狀況,把設備的清掃與點檢、保養、潤滑結合起來。

常言道:「清掃就是點檢」,通過清掃把污穢、灰塵、油漬、原材料加工剩餘物清除掉,就會自然而然地把磨耗、瑕疵、漏油、鬆動、裂紋、變形等設備缺陷暴露出來,就可以採取相應的措施加以彌補。

第四步:整修在清掃中發現有問題的地方

· 地板凹凸不平,搬運車輛走在上面會讓產品搖晃碰撞,導致品質問題發生;連員工也容易摔跟頭,這樣的地板要及時整修;

- 對鬆動的螺栓要馬上加以緊固，補上不見的螺絲、螺母等配件；
- 對需要防銹保護或需要潤滑的運作部份，要按照規定及時加油保養；
- 更換老化或破損的水管、氣管、油管；
- 清理堵塞管道；
- 調查跑、冒、滴、漏的原因，並及時加以處理；
- 更換或維修難於讀數的儀錶裝置；
- 添置必要的安全防護裝置（如防壓鞋、絕緣手套等）；
- 要及時更換絕緣層已老化或被老鼠咬壞的導線。

第五步：查明污染的發生源（跑、冒、滴、漏），從根本上解決問題

1. 即使每天進行清掃，油漬、灰塵和碎屑還是四處遍佈，要徹底解決問題，還須查明污染的發生源，從根本上解決問題。

2. 制定污染發生源的明細清單，按計劃逐步改善，將污垢從根本上滅絕。根據解決污染發生源的影響程度、治理難度確定解決方式：

(1)污染後果處理容易化──改善。這種方式是在現有的基礎上設法減少污染後果，因此投資小，技術程度低，人人都能參與。

(2)減低污染程度──改造。即對設備進行一些小改進，使污染的狀況有所好轉。改造設備需要較高專業的技術，所以一般有工程技術人員的參與。

(3)徹底根除污染──投資、革新。通過技術突破或資金等方法改變現狀，雖然是消滅污染源最根本方法，卻受很多條件約束。

第六步：實施區域責任制

對於清掃，應該進行區域劃分，實行區域責任制，責任到人，不

可存在沒人理的死角。

第七步：制定相關清掃基準

制定相關清掃基準，明確清掃對象、方法、重點、程度、週期、使用工具、責任人等項目，保證清掃質量，推進清掃工作的標準化。

表 3-3　清掃點檢基準表

名稱	項目	方法	清掃要點/點檢基準	週期
冷氣機	①外表面 ②頂蓋部	用棉塗上洗潔精擦拭，再用乾布擦乾	表面灰塵、污垢 注意背面及不常觸及的部位	1 次/日
	③出風口 ④入風口 ⑤過濾網	用布清理，用清水沖洗	注意要晾乾後再裝入	1 次/週
	⑥週邊環境	清掃		1 次/日

十、5S 清掃的實戰技巧與案例

1. 接觸原材料/製品的部位，影響品質的部位〔如傳送帶、滾子面、容器、配管內、光電管、測定儀器〕

· 有無不需要的物品、配線；

· 有無劣化部件；

· 有無螺絲類的鬆動、脫落⋯⋯

2. 設備驅動機械、部品〔如鏈條、鏈輪、軸承、馬達、風扇、變速器等〕

· 有無過熱、異常音、振動、纏繞、磨損、鬆動、脫落等；

· 潤滑油洩漏飛散。

3. 儀錶類（如壓力、溫度、濃度、電壓、拉力等的指標）

· 指針擺動；

· 指示值失常；

· 有無管理界限；

· 點檢的難易度等。

4. 配管、配線及配管附件（如電路、液體、空氣等的配管、開關閥門、變壓器等）

· 有無說明/流動方向/開關狀態等標識；

· 有無不需要的配管器具；

· 有無裂紋、磨損。

5. 設備框架、外蓋、通道、立腳點

· 點檢作業難易度（明暗、阻擋看不見、狹窄）。

6. 其他附屬機械（如容器、搬運機械、堆高車、升降機、台車等）

· 液體/粉塵洩漏、飛散；

· 原材料投入時的飛散；

· 有無搬運器具點檢……

7. 保養用機器、工具（如點檢/檢查器械、潤滑器具/材料、保管棚、備品等）

· 放置、取用；

· 計量儀器類的髒汙、精度等。

8. 清掃工具

· 抹布或拖把是否掛起來了？

· 有無不能使用的掃把？

· 掃帚或抹布是否進行數量管理？

9. 搬送車輛

· 在堆高車或推車的後邊裝上清掃用具,這樣可以一邊作業一邊清掃,兩全其美;

· 準備抹布,放在車輛的某一處,以便隨時清掃其本身的灰塵。

10.分類垃圾箱

設立分類垃圾箱,便於垃圾分類回收:

· 可再生的(區分塑膠、金屬);

· 不可再生的(生活垃圾)。

11.防止碎屑的飛散

· 安裝防護罩;

· 把垃圾箱設置在作業台的下面,作業時讓碎屑直接落在垃圾箱裏。

12.具體的清理工作

· 清除長年堆積的灰塵垃圾、污垢;

· 清除因油脂、原材料的飛散、溢出、洩漏造成的髒汙;

· 清除塗膜捲曲;

· 清除金屬面生銹;

· 清除不必要的張貼物;

· 明確不清楚的標識。

案例 白襪子、白手套的「清掃」活動

　　每個月，公司都要統一組織進行現場 5S 清掃活動，檢查的方法很簡單卻又很奇特——通過穿白襪子在工廠行走來檢查確認現場的乾淨程度。

　　在進入每個工廠之前，檢查者們都會換上一雙新的白襪子、一雙新的白手套。穿著白襪子走在工廠的地面，用白手套檢查設備的乾淨程度、目視檢查物品擺放的整齊程度。

　　檢查完一個工廠，在工廠門口，他們會脫下襪子，摘下手套，拿出色卡，將白襪子、白手套的髒汙程度與標準色卡進行對照、打分，判定工廠的 5S 狀況。

　　對照完色卡之後，將每雙襪子、手套掛在現場，隨時提醒大家，我們做得仍不夠完美。

　　將現場檢查與標準色卡對照結合起來，這樣就可以進行嚴格而量化的考評。用白襪子、白手套的髒汙程度影響 5S 成績，而 5S 成績直接影響著員工的績效與收入。

　　白襪子掛在現場，受汙程度一覽無遺，這些感官刺激將加深員工認真改善現場的決心。

　　公司會把多次檢查的白襪子、白手套都掛在現場，這樣，如果每次檢查的顏色越來越淺，那麼表明有進步，這也為員工提供得到自豪感的機會。

　　白襪子、白手套檢查，白襪子、白手套懸掛，白襪子、白手套色卡對比，將小小的白襪子、白手套與視覺化、5S 檢查結合起來，將 5S 管理推到了極致。

第 4 章

「清潔」的工作重點

一、5S「清潔」的含義

清潔
- 常態化：活動的常態化、檢查的常態化
- 標準化：推進的標準化、檢查的標準化

作用
- 維持鞏固 5S 成果
- 5S 管理常態化

要點
- 制定 5S 制度與規範
- 進行 5S 檢查、評比、獎懲
- 5S 活動展示、宣傳

含義：

將整理、整頓、清掃進行到底，並且標準化、制度化。

目的：

‧ 成為慣例和制度；

‧ 是標準化的基礎；

‧ 企業文化開始形成。

說 明：

要成為一種制度，必須充分利用創意改善和全面標準化，從而獲得堅持和制度化的條件，提高工作效率。

二、5S 清潔的作用

1.維持作用

將整理、整頓、清掃後取得的良好作用維持下去，成為公司的制度。

2.改善作用

對已取得的良好成績，不斷進行持續改善，使之達到更高的境界。

三、隨時巡視，及時整改

巡視，即指主管人員定期或不定期到現場巡查，瞭解 5S 活動的實際成果及存在的問題，通過巡視及時發現問題、督促整改，鞏固和提升 5S 成果。

巡視檢查是按一定的巡視路線進行的，所以，巡視檢查的項目也要按照巡視時的行走路線來編排順序，如洗手間巡視檢查表所示。

以上述的洗手間巡視檢查表為例，檢查人員進入洗手間進行檢查的順序基本上就是：鏡子、洗手盆、乾手器、便池，最後是總體檢查確認地面、牆面和氣味。

在工作現場，每個人都有自己的工作任務，都非常忙碌。讓每個人都時時刻刻自覺遵守 5S 有一定難度。所以必須經常進行一些 5S 現

場巡查評價，督促員工持續按照 5S 標準進行現場維持與改善。

巡查時，對於重要問題要進行記錄，然後跟進問題的改善。

表 4-1　洗手間巡視檢查表

項目	清潔內容	週一	週二	週三	週四	週五
鏡子	· 鏡子表面無汙跡，無水珠，有光潔度					
洗手盆	· 洗手盆內側乾淨、無污垢，水龍頭應光亮					
	· 洗手盆台面上不擺放抹布、板刷等工具，應置於看不到的地方					
乾手器、洗手液分配器	· 自動乾手器外表乾淨，出風口無汙跡					
	· 插座，電源線乾淨無黑跡					
	· 洗手間備足洗手液，並保持外表面清潔衛生，洗手液少於孔內一半應該加液					
大便池、小便池	· 大便池、小便池內、外側乾淨、無汙物					
	· 小便池內放置 5～7 顆樟腦丸，以保持空氣清新					
	· 小便池上放置煙灰缸，有煙蒂就及時更換					
地面、牆面等氣味	· 洗手間地面，洗手盆台面無積水、紙屑或其他汙物					
	· 洗手間牆面、門乾淨無污痕。					
	· 洗手間內無異味					

註：在合格處打「√」，在不合格處打「×」

表 4-2 5S 問題整改待辦單

問題描述	整改措施	責任人	完成日期	追蹤人	完成情況

四、5S 清潔的推行要領

1. 貫徹 5S 意識

為了促進改善，必須想出各種激勵辦法：

· 讓全體員工每天都保持本公司正在進行 5S 評價的心情；

· 充分利用各種辦法，例如：5S 新聞、主管巡視、5S 宣傳畫、
  5S 徽章、5S 標語、5S 日等種種活動，讓員工每天都感到新鮮，
  不會厭倦。

· 為了實施改進活動，有必要尋找各種問題，製造改善的理由；

· 通過與其他公司水準的比較，激發改善的積極性。

2. 5S 一旦開始了實施就不能半途而廢，否則公司又很快回到原來的情形。

3. 為了打破以上舊觀念，必須「一就是一，二就是二」。

對長時間養成的壞習慣，只有花長時間來改正。

4. 深刻領會理解 3S 的含義（整理、整頓、清掃），徹底

貫徹 3S，力圖進一步的提高所謂「徹底貫徹 3S」，就是連續地、反覆
不斷地進行整理、整頓、清掃活動。

表 4-3　整理、整頓、清掃徹底化

	整　理	整　頓	清　掃
將 3S 習慣化之後，最後將 3S 制度化	必需品和非必需品混放	找不到必需品	工廠到處都是髒汙、灰垢
	清除非必需品	用完的物品放回原處	清掃髒汙
	不產生非必需品的機制	取放方便的機制	不會髒汙的機制

5. 推進「透明管理」

展開清潔活動還必須推進「透明管理」，很多公司喜歡將物品放在有鎖的櫃子內或密封的架子上。這樣一來，人們不打開就看不到裏面放了什麼。因為不引人注意，所以這些地方經常亂七八糟擱置一些物品，這種「眼不見為淨」的自欺欺人行為如果要杜絕，就必須推進「透明管理」，即拆除那些不透明的金屬板，改為安裝玻璃；實在不行的，也應該安裝一個透明的檢查視窗。

6. 制度化

制度與制度化

· 制度是制定規則、規範；

· 制度化是制定制度、實施、確認、調整的一個循環過程；

· 清潔就是將徹底的 3S 制度化的過程；目的是保證和維持以上的成果。

制度化的主要內容

· 環境維護制度化；

· 設備管理制度化；

· 作業方法制度化；

- 現場巡視制度化；
- 考核評價制度化。

  區域清掃制度化（區域清掃責任表）

- 每位員工負責的清掃項目有三項以上時，必須制定責任表，每天確認；
- 有負責區域清掃時，一定有清掃責任表；
- 明確每項工作的要點和判斷基準；
- 班組長每天確認員工的實施情況，並在報表上認可；
- 部門主管每週最少確認一次班組的實施情況，並在表上認可；
- 可以結合工作清單的方式，確認每位員工的工作狀況。

五、5S 清潔的推進步驟

需要一個合理的實施流程，徹底實施才能讓工作事半功倍：

第一步：對推進人員進行教育

不要認為這是一個很簡單的工作，而忽略了對推進人員的教育。往往因為簡單，所以都認為這個這樣做，那個那樣做就行了。最終因不同人的理解而得到不同的結果，達不到貫徹實施後的預期效果，使 5S 從此夭折。必須統一才能共同朝著同樣的目標奮鬥。所以，必須對 5S 的基本思想向推進人員和全體員工進行必要的教育和宣傳。這是非常重要的。

第二步：整理──區分工作區的必需品和非必需品

經過了必要的教育，我們就應該帶領推進人員到現場，將目前的所有的物品整理一遍，並調查它們的使用週期，將這些物品記錄起來。再區分必需品和非必需品。

第三步：向作業者進行確認說明

現場的作業者是崗位的主人，他可以做好該崗位的工作，也能使該崗位的工作走向不好的方向。而且，也只有該崗位的作業者最清楚他的崗位的需求，只有他們才知道我們工作中的某些不完善或不適用的地方。

所以，我們區分必需品和非必需品時，應先向作業者詢問確認清楚，並說明一些相關的事情。

第四步：撤走各工作崗位的非必需品

接下來，我們就應該將非必需品從崗位上撤走，而且要迅速地撤下來，決不能以「等明天」的心態對待。

第五步：整頓──規定必需物品的擺放場所

撤走了非必需品，並不能說我們就可以結束了。對現場的必需物品該怎樣擺放？是否阻礙交通？是否阻礙作業者操作？拿取方便嗎？

根據實際條件、作業者的作業習慣、作業的要求，合理地規定擺放必需品的位置。

第六步：規定擺放方法

擺放場所規定了，我們必須要確認一下擺放的高度、寬度以及數量，以便於管理。並將這些規定形成文字，便於日後改善、整體推進和總結。

第七步：進行標識

所有的工作都做了，我們有必要做一些標識，標示規定的位置、規定的高度、規定的寬度和數量，方便員工識別，減少員工的記憶勞動。

第八步：將放置方法和識別方法對作業者進行說明

將規定下來的放置方法和識別方法交給作業者，並對其加以講解，將工作從推進人員的手中移交給作業者日常維護。

在說明時，必須注意原則性的問題。有些作業者開始時會有一些不太適應或自認為不對的，但對於有必要實行的規定，一定得讓他實施。告訴他在實施的過程中可以提出意見，改善這個規定，但是不能擅自取消。

也就是說，對基本要求我們必須實施強制手段，在完善改進的領域裏我們可以採取民主的手法，強民主可以讓我們的工作進行得更加順利。

表 4-4　清掃值日表

5S 區	擔當	值日檢查內容
電腦區	○○	OA 機器是否保持乾淨，無灰塵
檢查區	○○	作業場所、作業台是否雜亂，垃圾桶是否清理
計測器區	○○	計測器擺放是否整齊，櫃面是否保持乾淨，櫃內有無雜物
休息區	○○	地面無雜物，休息凳擺放是否整齊
治具區	○○	治具擺放是否整齊，治具架是否保持乾淨
不良品區	○○	地面無雜物，除不良品外無其他零件和雜物存放
零件規格書放置區	○○	櫃內零件規格書擺放整齊，標識明確
文件櫃及其他	○○	文件櫃內是否保持乾淨，櫃內物品是否擺放整齊
備註：①此表的 5S 區是由擔當者每天進行維護； 　　　②下班前 15 分鐘開始； 　　　③其他包括清潔器具放置櫃、門窗、玻璃。		

第九步：在地板上劃出區域線，明確各責任區和責任人

因為工廠的範圍很大，所以必須劃分責任區和明確責任人。只有規定了責任範圍和責任人，工作才能貫徹下去。不要相信「人是自覺的」謊言，人有很多種天性，惰性就是其中的一種。

圖 4-2　推進清潔的整個步驟

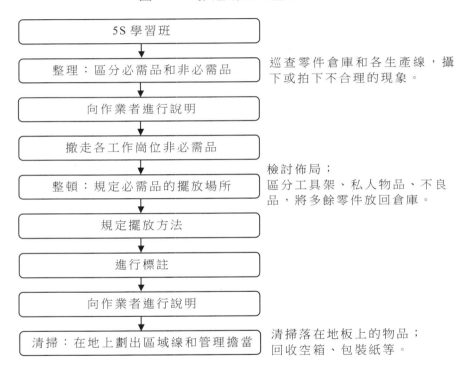

5S 學習班

整理：區分必需品和非必需品 ← 巡查零件倉庫和各生產線，攝下或拍下不合理的現象。

向作業者進行說明

撤走各工作崗位非必需品

整頓：規定必需品的擺放場所 ← 檢討佈局；區分工具架、私人物品、不良品，將多餘零件放回倉庫。

規定擺放方法

進行標註

向作業者進行說明

清掃：在地上劃出區域線和管理擔當 ← 清掃落在地板上的物品；回收空箱、包裝紙等。

六、5S 清潔的實戰技巧與案例

清潔是通過檢查3S實施的徹底程度來判斷其水準和程度的，我們一般制定對各種生產要素的檢查判定表來進行具體檢查。具體檢查內容：

1. 作業台、椅子

整理內容：

· 不用的作業台、椅子也放在現場

· 雜物、私人物品藏在抽屜裏或台墊下面

· 當天不用的材料、設備、夾具堆放在台面上

· 材料的包裝袋、盒用完後仍放在台面上

整頓內容：

· 物料淩亂地擱置在台面上

· 台面上下的各種電源線、信號線、壓縮空氣管道亂拉亂接，盤
  根錯節

· 作業台、椅子尺寸形狀大小不一、高低不平、五顏六色，有礙
  觀瞻

· 作業台、椅子無標識，不知道屬於那個部門，由誰管理

清掃內容：

· 設備和工具破損、掉漆，甚至缺胳膊斷腿

· 到處佈滿灰塵、髒汙

· 材料餘碴、碎屑殘留

· 牆上、門上亂寫亂畫亂張貼

· 墊布發黑，許久未清洗

· 表面乾淨，裏邊和後邊髒汙不堪

2. 貨架

整理內容：

· 現場到處都有貨架，幾乎變成臨時倉庫

· 貨架大小與擺放場所的大小不相適應、與所擺放之物不相適應

· 不用的貨物、設備、材料都堆放在上面

整頓內容：

· 擺放的物品沒有識別管理，除了當事人之外，其他人一時難於
　找到

· 貨架太高或物品堆積太高，不易拿取

· 不同的物品層層疊放，難於取放

· 沒有按「重低輕高」的原則擺放

清掃內容：

· 物品連外包裝在內，一起放在貨架上，清掃困難

· 只清掃貨物不清掃貨架

· 貨架佈滿灰塵、髒汙

· 物品放了很久也沒有再確認，有可能過期變質

3. 通道

整理內容：

· 彎道過多，機械搬運車輛通行不便

· 行人通道和貨物通道並混合來用

· 作業區與通道混在一塊

整頓內容：

· 未將通道位置畫出

· 被佔為他用，如作為材料擺放區

· 部份物品擺放超出通道

· 地面坑坑窪窪，凹凸不平，人員、車輛不易通行

清掃內容：

· 灰塵多，行走過後有鞋印

· 有積水、油污、紙屑、鐵屑等

· 有灰塵、髒汙之處

· 很久未打蠟或刷油漆，表面斑斑駁駁，非常難看

4. 設備

整理內容：

· 現場有不使用的設備

· 殘舊、破損的設備有人使用沒人維護

· 過時老化的設備仍在轉轉停停，勉強運行

整頓內容：

· 使用暴力，野蠻操作設備

· 設備放置不合理，使用不便

· 運作能力不能滿足生產要求

· 沒有定期保養和校正，精度有偏差

· 缺乏必要的人身安全保護裝置

清掃內容：

· 有灰塵、髒汙之處

· 有生銹、褪色之處

· 滲油、滴水、漏氣

· 導線、導管破損、老化

· 濾髒、濾氣、濾水裝置未及時更換

· 標識掉落，無法清晰分辨

5. 辦公台

整理內容：

· 辦公台多過作業台，幾乎所有管理人員都配有獨立辦公台

· 每張台都有一套相同的辦公文具，未能共用

· 辦公台面乾淨，抽屜裏邊雜亂無章

· 不能用的文具也在擺台上

· 私人物品隨意放置
· 茶杯、煙灰盅亂放在台面上
· 堆放了許多文件、報表

整頓內容：
· 現場辦公台位置主次不分
· 辦公台用作其他用途
· 台面辦公文具、通訊工具沒有定位
· 公共物品放在個人抽屜
· 抽屜上鎖，其他人拿不到物品

清掃內容：
· 台面髒汙，物品擺放雜亂無章，並且有積塵
· 辦公文具、通訊工具汙跡明顯
· 台下辦公垃圾多日未清除

6. 文件資料

整理內容：
· 各種新舊版本並存，分不清孰是孰非
· 過期的仍在使用
· 無關人員持有文件，需要的人員卻沒有
· 保密文件未有管理，任人閱讀
· 個人隨意複印留底

整頓內容：
· 未能分門別類，也沒有用文件櫃、文件夾存放
· 沒有定點擺放，真正要用的又不能及時找出
· 文件種類繁多，難於管理
· 接收、發送未記錄或留底稿

· 即使遺失不見了，也沒有人知道

清掃內容：

· 複印不清晰，難於辨認

· 隨意塗改，沒有理由和負責人

· 文件破損、髒汙；

· 文件櫃、文件夾汙跡明顯

· 未有防潮、防蟲、防火措施

7. 公共場所

整理內容：

· 公共場所的空間用來堆放雜物

· 洗滌物品與食用品混放

· 消防通道堵塞

· 排水、換氣、調溫、照明、設施不全

· 洗手間男女不分，時常出現令人尷尬的場面

整頓內容：

· 區域、場所無標識

· 無整體規劃圖

· 物品無定位、定置

· 逃生路線不明確

· 佈局不合理，降低工作效率

清掃內容：

· 玻璃破爛，不能擋風遮雨

· 門、窗、牆被亂塗亂畫

· 牆壁發黑，地面污水橫流

· 採光不好，視線不佳

· 到處汙跡明顯，無人擦洗

· 無人定期進行必要的清潔、消毒

案例 麥當勞速食店的標準化檢查

麥當勞是全球最著名的速食公司，開設了近 3 萬家分店。它能夠成為全世界最成功的連鎖餐廳，究其原因，秘訣有兩個：一個是標準化；另一個是為貫徹標準化而進行的檢查督導。

先來看麥當勞全球整齊劃一的標準化管理。麥當勞的設施與裝置是全球統一標準的：

⑴櫃檯都是 92 釐米高，因為這個高度最適合人們從口袋裏掏出錢來付款；

⑵壁櫃全部離地；

⑶裝有屋頂冷氣機系統；

⑷用來裝袋用的是「V」型薯條鏟，這樣可以大大加快薯條的裝袋速度；

⑸用來煎肉的是貝殼式雙面煎爐，可以將煎肉時間減少一半。

同時，麥當勞的飲食操作也是標準化甚至是量化的：

⑴薯條採用「芝加哥式」炸法，就是先炸 3 分鐘，臨時再炸 2 分鐘，從而令薯條更香更脆；

⑵可樂和芬達的溫度為 4℃，因為據試驗飲料在 4℃時味道最為甜美；

⑶麵包厚度規定為 1.7 釐米，因為這個厚度入口味道最佳；

⑷牛肉餅一律重 47.32 克，直徑 6.65 釐米，厚 0.85 釐米；

⑸烤麵包 55 秒，煎肉餅 1 分 45 秒；

⑹炸薯條超過 7 分鐘、漢堡包超過 10 分鐘便毫不可惜地扔掉。

連洗手這種簡單的事情都進行了詳細的標準化和量化：

⑴工作人員必須每小時至少徹底洗一次手、殺一次菌；

⑵將手沖洗乾淨後，取一小劑麥當勞特製的清潔消毒劑，放在手心，雙手仔細揉擦；

⑶揉擦搓洗部位不僅包括手，還應包括手脖子；

⑷搓洗 20 秒鐘後，再用清水沖淨；

⑸兩手徹底清洗後，用烘乾機烘乾雙手，不能用毛巾擦乾。

有了這麼細緻的量化標準，員工在工作時，就一定能執行到位嗎？答案是：不一定。因為人都有惰性，都會犯錯誤，麥當勞的員工也不例外。為了落實嚴格的標準化，麥當勞有配套的檢查督導體系。

麥當勞在各個區域都設置區域營運督導，對轄區內的分店進行監控指導，區域營運督導的巡店管理是所有標準化制度執行的監管武器，營運督導除了要檢查銷售情況、員工服務、儀容儀表、店面環境、衛生情況等，還會拿著崗位操作檢查表逐個崗位進行檢查，看店員是否按要求操作規程進行操作。

如果發現意外，就會填寫《整改待辦單》，讓店長進行整改，這個整改待辦單還會成為營運督導下次巡店時檢查是否有所改進的依據。

不僅有營運督導這種專員管理人員，麥當勞還聘請神秘顧客來視察各店產品、服務品質。麥當勞會與神秘顧客協商一個時間計劃，對各店進行巡視檢查。神秘顧客在評估各店面的服務水準時，以一個普通消費者的身份到指定的餐廳就餐，在櫃檯前買一個漢堡、一包薯條或一杯熱咖啡。通過實地觀察體驗，瞭解其清潔、服務和管理等諸方面問題，找出漏洞。

神秘顧客並不是真正要吃這些食品，而是檢查盤中的東西，然後巡視店內的每個角落，同時，他也會測定櫃檯服務的時間。

這種花錢僱神秘顧客找破綻的方法，最大好處就是能及時發現並改進、調整所存在的問題，使得各店都能按照統一的標準進行服務。

通過標準化、營運督導等方法，麥當勞帝國在全球範圍內都能按照一個標準進行管理，並因此而迅速擴張。

心得欄

第 5 章

「素養」的工作重點

一、5S「素養」的含義

素養
- 養成遵守 5S 規範的好習慣
- 形成主動發現問題、改善問題的好習慣

作用
- 提升人員素質
- 形成好的企業文化

要點
- 遵守禮儀規範
- 通過班前會，不斷強調 5S 現場管理
- 參與改善提案活動，持續進行現場改善

含義：

對於規定了的事情，大家都按要求去執行，並養成一種習慣。

目的：

讓員工遵守規章制度；培養良好素質習慣的人才。

說明：

5S最終是為了提高員工的素質，而素質高低只能通過行為來判

斷，所以素養是通過外在的行為規範來引導的。公司應向每一位員工灌輸遵守規章制度、工作紀律的意識；此過程有助於人們養成制定和遵守規章制度的習慣。

什麼是素養呢？似乎三言兩語很難概括。素養具體可表現為以下幾個方面：

1. 遵守各種規章制度，按標準作業

· 嚴格按照作業指導書的要求操作；

· 要有強烈的時間觀念，遵守出勤、會議或其他約定時間；

· 著裝整齊，正確佩戴廠牌或工作證；

· 遵守社會公德。

2. 主動、積極、認真地對待工作

· 工作保持良好的狀態(不隨意談天說笑、打瞌睡、吃零食等)；

· 精心、細心、恒心，認真對待每一件小事，把工作做到最好；

· 以「我要做」的積極心態，挑戰艱苦、困難的工作，不挑肥揀瘦。

3. 不斷改善，勇於創新

· 維持就是落後，每天思考能否「更快、更好」；

· 從小事著手，改善工作中的「浪費、勉強、不均衡」；

· 善於總結，不斷提高自己和同事的改善能力；

· 邊學習邊實踐，理論結合實際。

4. 為他人著想，為他人服務

· 待人接物誠懇有禮貌；

· 互惠互利，與人方便；

· 尊重他人，站在他人的立場考慮問題；

· 對待家庭有責任感，關心家人；

· 敬老愛幼,熱心公益事業。

5. 素養的另一個方面表現為信任

　　鐵門緊鎖時代已不能符合時代的要求,有時還能看見緊鎖的鐵門、工具箱,這和5S精神是相違背的,想要做到徹底的素養,一切都必須是公開的狀態。

二、5S 素養的作用

1. 提升人員的品質

· 革除馬虎之心,嚴守標準作業;

· 積極主動完成自己的工作;

· 在完成本職工作的基礎上,不斷改善創新;

· 為他人著想,為他人服務。

2. 改善工作意識

· 效率意識:工作中處處追求更高的效率;

· 成本意識:貫徹屬行節約的原則,用最低投入來提高產出;

· 品質意識:具備問題意識,並嚴守標準來保證品質的達成;

· 安全意識:認識安全是達成高效率的道理,革除工作中的馬虎心態和不安全操作。

3. 淨化員工心靈,形成溫馨明快的工作氣氛

4. 培養優秀人才,鑄造戰鬥型團隊

5. 成為企業文化的起點和最終歸屬

三、5S 素養的形成

第一階段　形式化

這是 5S 推行的初級階段。在這個階段中，企業為了達到某種效應，要開展一些諸如擦玻璃、拖地板、清掃設備上的髒汙等大掃除活動。這階段的 5S 活動特點主要是響應號召，大家都在做，你不做肯定挨批、甚至受罰，多少存在一點應付因素在裏面。

第一階段的重點是必須運用一些形式的東西去改變環境，讓人們感到與原先就是不一樣，使用宣導造勢、視覺化管理等工具，形成比原來更好的工作現場。要想達目的，必要的形式不可缺，但絕非「為形式而形式」。

這時候需要導入各種各樣有效的活動形式，並使這些形式得以固化。例如：紅牌作戰、定點攝影、視覺化管理等。由於活動最開始時通常會遭到員工的質疑或消極抵制，這一過程必須是強制性的，要通過嚴格的檢查和督導來進行。

第二階段　行事化

這個階段，5S 會成為日常例行工作的一部份，不再被看成是額外的負擔。由於長期堅持 5S 工作，使員工對 5S 不再抵觸，認識到堅持 5S 活動是一件應該的工作。

行事化把要求的行為制訂成制度或標準，讓所有人都按一個標準做事，每時、每刻、任何人、任何環境都要按要求做事。

行事化意味著「到了某一天、某個時段必須做什麼」。例如：當企業制訂了紅牌作戰活動的制度時，那麼就必須做到每個星期按時完成這件事情。通過不斷重覆的例行公事，逐漸使員工認為做這些事情

是工作的一部份。因此,行事化是培養員工習慣的重要過程。

第三階段　習慣化

到了習慣化階段,做 5S 的時候,不再感覺到刻意,就像每天刷牙洗臉一樣自然。

當例行工作得到長期堅持時,它就會變成員工的習慣。習慣是行為的自動化,不需要特別的意志努力,不需要別人的監控,在什麼情況下就按什麼規則去行動。

總之,5S 的本質和終極目標就是讓人們的良好行為從「形式化」走向「行事化」,最後向「習慣化」演變。

有素養的好習慣並不是簡單的說教就能形成的,員工在形成自然而然的習慣之前,有必要進行不斷地宣傳、輔導和檢查,採取一定的強制措施使員工逐步做到習慣化。

要形成好素養除了靠強制性手段之外,企業還要營造一種濃厚的、非常具有感染力的組織氣氛,使得那些不積極的人到了這個氣氛之中,也不得不裝作積極,長此以往,最後也變成了真積極。那些不願意這麼做以及做得不符合要求的人,就會自覺地按照素養的要求去修正自己的言行,最終把所有人都融合在組織中。

企業如何實現從「形式化」到「行事化」再到「習慣化」呢?企業一方面要堅持 5S,使其成為日常工作的一部份,另一方面還要通過制訂員工行為準則、持續召開班前會、推行改善提案活動等方法來進一步強化。通過這些方法,不斷提高員工對 5S 的熱情和興趣,給企業創造一個不斷改善的氣氛,使員工養成 5S 各方面的好習慣,提升個人與企業的素養。

四、5S 素養的推行要領

1. 持續推動 4S 直至全員成為習慣

通過4S(整理、整頓、清掃、清潔)的手段,使人們達到工作的最基本要求——素養。所以5S可以理解為:通過誰都能做到的整理、整頓、清掃、清潔,而達到作為最終精神上的「清潔」。

2. 制定相關的規章制度

規章制度是員工的行為準則,是讓人們達成共識、形成企業文化的基礎。制定相應的《語言禮儀》、《電話禮儀》、《行為禮儀》及《員工守則》等,能保證員工達到素養最低限度的要求。

3. 教育培訓

對於員工,尤其是剛剛加入公司的員工,及時給予強化教育是非常必要的。每個人都知道什麼可以做,什麼不可以做,明白公司倡導什麼,無形中對他日後的工作就有了方向指導。

4. 激發員工的熱情和責任感

幾千年以來的文化積澱,我們有自己的傳統思想和行為,「各人自掃門前雪,莫管他人瓦上霜」的利己思想,是其中消極的一種,這就需要改變員工的這種潛意識,培養對公司部門及同事的熱情和責任感。

五、5S 素養的推進步驟

1. 制訂共同遵守的有關規則、規定

沒有規矩,不成方圓。素養推行前期,首先要對企業裏大家都認

同的行為規範進行總結提煉，制訂大部份人都認可的有關規則、規定，然後大家共同遵守。這個規則能為多數人創造一個順暢、輕鬆、愉快的工作環境。

2. 制訂服裝、儀容、識別證標準

每一位員工都代表著企業，改善員工的形象就是改善企業的形象。制訂服裝、儀容、識別證標準，能夠讓每位員工都以最好的精神面貌投入工作。從另外一個方面，人員的識別能夠讓任何一個員工知道對方，既便於管理，也能提高工作效率。

3. 制訂禮儀守則

給別人一聲問候，讓世界更美好；給自己一個微笑，讓青春常在。微笑和問候能夠讓環境氣氛更融洽輕鬆，人與人之間的關係更加親切。所以應當制訂一些問候、電話、洽談等方面的禮儀守則，在日常的工作中薰陶和改變每一個人。

4. 教育訓練（新進人員強化 5S 教育、實踐）

新進人員猶如一張白紙，職業觀、價值觀都沒有融入企業中，所以對他們要進行5S全方面的教育，使他們接受這些規則。另外可以安排新人到5S做得好的部門學習，讓其親身體會5S給工作帶來的便利。

老員工和管理人員是新人學習的對象，因此，有必要要求他們以身作則，起榜樣作用。

5. 推動各種精神提升活動（晨會、禮貌活動等）

通過晨會、禮貌活動、5S月（專項活動）、主管巡視、5S圖片巡展、報告表彰制度、學習、培訓、觀摩等不同的活動，能夠不斷提高員工對5S的熱情和興趣，使5S達到一定的高度和深度。企業能夠創造一個不斷改善的氣氛，有助於培養和提升員工的精神風貌。「人造環境，環境育人」，員工通過對整理、整頓、清掃、清潔、修養的學習遵守，

使自己成為一個有道德修養的公司人，整個公司的環境面貌也隨之改觀。

圖5-2　素養形成的基本過程

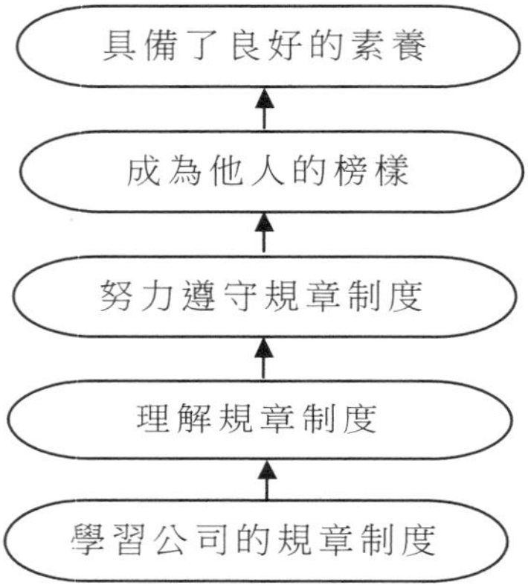

六、5S 素養的實戰技巧與案例

素養是一個相對抽象的名詞，那麼怎樣才算是做到素養呢？可以從以下方面入手：

1. 上班

· 注意儀容、著裝；

· 明朗，甜美，愉快地打招呼；

· 提前進入工作現場或辦公室，準備好投入工作；

· 早會：「早上好……請多關照！」

2. 下班

· 整理清掃工作台面及週邊場地：

· 晚會：大家說「辛苦了！再見」；（以辦公室或班組為單位）

· 其他人還在工作時，問一下「是否需要幫忙？」對方答「否」，

時，不要默不作聲地走開，要認真說「辛苦了！我先走了。」

3. 禮貌用語

「請」「對不起」「謝謝」「你好」「麻煩您」等多用。

4. 電話應答

(1) 接聽

鈴聲響三聲以內接電話；

- 第一句話為「您好！××公司」或「您好！我是某某」；
- 對方打錯電話時說：「對不起！您打錯電話了」；
- 受話人是旁邊的同事時說：「請稍等，我去叫他」；
- 受話人不在時說：「對不起，他走開了，請問有什麼可以轉告的嗎？」並書面記錄其口信並轉交給受話人；
- 聲音溫和親切，不要顯得不耐煩；
- 對方掛電話後輕輕放下電話。

(2) 打出

- 第一句為「您好！我XX公司的某某，請找XX先生/小姐」，也可稱呼職位，但不可直呼其名；
- 打錯電話時說「對不起，打錯了」，不要一聲不吭地掛上電話；
- 打完後用「拜託」、「謝謝」等寒暄語結束，輕輕地先掛上電話。

5. 介紹

(1) 自我介紹

進入部門後，要適時、大方、得體地自我介紹：「您好/大家好，我是××，新來的，請大家多多關照」。

(2) 介紹別人

- 先向客人介紹，再向公司方介紹；

· 職位從高到低介紹；

· 同級的從年長的先介紹；

· 女士優先。

6. 著裝

平時上班著裝大方、得體，不穿休閒服(週末除外)。

7. 會面

· 早上進廠，要互問「早」、「早上好」；

· 下午和晚上進廠，要互道「您好」；

· 下班回家時，要互道「再見」。

8. 同事關係

· 同事間有意見，可報告上級協調，不可爭吵；

· 上級前來洽事，要從座位中起立，以示尊敬；

· 要主動幫助資歷較淺的同事。

9. 接洽公務的素養

· 接聽公務電話要先說明自己所在的單位；

· 進入其他部門辦公室應先敲門；

· 不可隨意翻閱別人的公文；

· 接洽公務要和對方說「請」和「謝謝」；

· 借用公物，用完應立刻歸還；

· 須稱呼上級時，要加頭銜，如「×主任」「×經理」，須稱呼
  別人姓名時，要加「先生」或「小姐」，以示禮貌。

10. 出席會議的素養

· 準時出席，不任意離席；

· 發言遵守會議流程及規定，言簡意賅；

· 討論時應尊重對方的意見，對事不對人，勿傷和氣；

- 會議進行時，勿私自交頭接耳或高聲談話，影響會議進行；
- 會議中應將呼機、手機關機或轉至振動狀態，以免干擾會議；
- 穿合宜的服裝出席會議；
- 會議結束時退場，應讓上級主管、客人先離開會場；
- 離開座位時，座椅應歸位。

11. 公共場所的素養

- 在公共場所不可高聲喧嘩；
- 公共場所設置之座椅，不可躺臥；
- 要維護公共場所的設施和清潔；
- 誤犯公共場所的規定，要說「對不起」；
- 在公共場所得到別人的幫助，要說「謝謝」。

12. 日常生活中的素養

- 尋求別人幫助和與人辦事首先要說「請」、「拜託」；
- 接受別人幫忙、服務時，要說「謝謝」、「讓您費心了」；
- 影響、打擾別人時，要說「抱歉」、「對不起」、「打擾您了」；
- 和別人談話的時候，要面帶笑容；
- 電話找人，通話時要說「請」，如撥錯電話要說「對不起」，對轉達留言的人要說「謝謝」；
- 天熱時，不可光著臂膀；
- 上下公車遵守秩序，不要擁擠，遇長者、孕婦、病人等，應讓其先行；
- 主動讓位於有需要之人士；
- 搭乘公車時不可高聲談笑和抽煙。

案例 香港狄斯奈的素養要求

　　每名成功應聘的狄斯奈公司工作人員，工作上崗前都會發一本「狄斯奈打扮手冊」，手冊中仔細列出對工作人員由頭至腳的打扮規定。員工必須先同意能按管理手冊裏有關服裝及修飾的規定去執行，才能正式上崗。

　　所有員工都必須由頭到腳符合「狄斯奈形象」。負責表演、售賣商品或飲食的一線工作人員，必須穿樂園制服，其他員工必須衣著整齊。

　　狄斯奈樂園不僅對女性員工提出較多的外形要求，對男性員工同樣有著仔細的規定，具體包括如下幾方面的內容。

　　⑴刮鬍水、香水和狐臭膏；化妝品。

　　⑵服裝；裙子長度；鞋襪。

　　⑶髮型；頭髮顏色；鬢、鬍。

　　⑷珠寶；別針和裝飾品；太陽眼鏡。

　　⑸指甲；刺青。

　　具體來講，例如有關「能與不能」的尺度，在手冊中就有明文規定，包括：

　　⑴所有男性工作人員，腮鬍必須修理整潔，允許依臉龐自然輪廓留到下耳垂，不可以留「山羊鬍」及「絡腮鬍」。鬍子款式也有限制，「八字鬍」必須伸延至兩邊嘴角，但不可留長至下唇。

　　⑵男性員工頭髮不可遮蓋著眼、耳朵及恤衫領，過長的頭髮不可藏在耳後，鬢角不可向外傾或上窄下寬。

　　⑶女性工作人員，頭髮長至肩便要束起；若需穿制服，則不可多

於 3 個小髮夾，而且髮夾不可作裝飾之用。

⑷指甲方面，不可留長過 6 毫米，甲油顏色不可以是金、銀，更不可塗時下流行的花甲。

⑸戴耳環必須「成雙成對」，並只可在每邊耳朵戴一隻耳環。

⑹不穿制服的女性工作人員，不可戴腳鏈。

⑺畢業戒指或者結婚戒指、耳環和傳統商用的手錶，是允許的。每隻手只可帶一枚戒指。

⑻不可穿跑鞋、涼鞋或西式靴。

⑼所有工作人員除了要有親切笑容，眼神接觸也非常重要，所以，除非獲得批准，否則不可戴太陽眼鏡。

⑽所有穿制服的工作人員，同樣在未經許可下，不可在工作期間攜帶手提電話或傳呼機等。

⑾時下流行染髮，男女員工雖不被禁止染髮，但漂到「五顏六色」是不行的。

那麼，如何保證員工確認會遵守這些規定呢？

為此，手冊就明文規定：公司管理者應檢查經過訓練的公司成員，追蹤有無違反有關外表的規定。

手冊還規定：公司員工要將規定銘記在心，如果員工有違反，公司管理者需隨時作個別輔導，以便於員工及時改正壞做法，從而養成好習慣。

案例 從清掃到素養，影響行為模式

東海神榮是一家有百餘名員工的日本公司，主要產品是印刷電路板。東海神榮的社長叫田中義人。

鍵山秀三郎是日本當地的一家汽車零件供應廠的社長。他在企業的現場管理方面有非常深刻的認識。

1991 年年底，鍵山和田中一起參加一個活動，活動後，鍵山到田中家進行交流。

在交流過程中，鍵山講述了簡單而深刻的道理：「管理開始於環境維持，也終於環境維持。」這會讓我們想起 5S 最初的口號之一「安全始於整理整頓，終於整理整頓」。

鍵山說：「我這 30 年一直在公司進行清掃廁所的活動，這個活動使得我的人生及整個公司也因清掃變得更好。透過清掃，人們可以屏除雜念，變得更加謙遜，並能為公司注入新的活力。」鍵山堅信清潔洗手間對環境和意識有重要影響，自己每天堅持打掃，從不間斷。

聽到鍵山的這番話，田中感到非常新鮮，決定要親自體驗清掃。他家附近有個神社，那座神社平常就有很多小朋友在那裏玩耍，所以神社裏充滿了小孩子吃完的糖果包裝紙與壞掉的玩具等垃圾。

田中覺得這是個非常適合開始體驗清掃的地點，於是開始每天早上對神社進行清掃，從不間斷，並將神社內已經廢棄的廁所也作為清掃的一部份。慢慢地，田中發現，神社附近的垃圾開始減少，廢棄的廁所開始有人修理，已經可以使用。

再過一陣，田中注意到垃圾愈來愈少，特別是休息區，吸完的煙蒂、可樂瓶和吃剩的食物等很髒的垃圾逐漸地減少。用來焚燒的油罐

也由原本的兩個減少為一個。不斷清掃的過程中，神社慢慢地變得越來越乾淨，小朋友們開始不亂丟垃圾了。

社區內的老年人看到這個現象也加入了清掃的行列，整個社區就以神社為中心變得越來越好了。

在那之後，社區居民重建了神社，神社變得非常漂亮。隨後居民們又開始舊廁所的重建工作，從老式廁所改成沖水式的廁所。

就這樣，田中義人持續打掃神社和週圍的環境，使其從髒亂變得整潔，帶動來玩耍的孩子們的心靈有所改變，週圍的居民也受到影響，讓這個社區變成了人人喜愛的地方。

原來真如鍵山所說的，清掃可以為一個地方注入新的活力，環境對人們有很深刻的影響，環境能夠不知不覺中影響我們的思考甚至影響我們的行為模式。

心得欄

_____

_____

_____

_____

_____

_____

第 *6* 章

「安全」的工作重點

一、5S「安全」的含義

安全 ・不會發生人員死傷危害,人員也不用擔心
會發生死傷危害

作用 ・保障生活幸福
・安心全力生產
・減少損失

要點
・安全第一,預防為主
・消除安全隱患,創造安全環境
・加強安全培訓,強化現場活動

含 義:

有些工廠將「SAFETY(安全)」亦列為5S管理專案,此為清除隱患、排除險情、預防事故的發生。

目 的:

保障員工的人身安全和生產的正常運行;減少損失。

說明：

安全是現場管理的前提和決定因素，沒有安全，一切成果都失去了意義。重視安全不但能預防事故發生，減少不必要的損失，更是關心員工生命安全，保障員工生活幸福的人性化管理要求。

二、5S 安全的作用

· 讓員工放心，更好地投入工作；

· 沒有安全事故，生產更順暢；

· 沒有傷害，減少損失；

· 有責任負責人，萬一發生時能夠應對；

· 管理到位，客戶更信任和放心。

海因里希(Heinrich)是美國的一名安全工程師，在研究和調查了眾多不同的公司、不同的作業，共 55 萬件事故的數據後，提出了一個事故災害概率理論：在 1 個死亡或重傷害事故背後，有 29 起輕傷害事故；29 起輕傷害事故背後，有 300 起無傷害虛驚事件。

這些事件之間的關係可以形象地用下面的「安全金字塔」來展示：

圖 6-2　安全金字塔

用個實例來解釋就是：在必須佩戴安全帽的場合，有人一直不戴。去年他在建築工地工作 330 天，其中 300 天，什麼事都沒有；有

29 天，頭上落了小石塊或被蹭破皮，關係不太大；但有一天，頭被重物落下擊中，鮮血直流送進醫院，造成腦部嚴重損傷。這就是海因里希的 1：29：300 的法則。

海因里希法則告訴了我們兩個注意事項：一是從結果的角度，當出現 300 個輕微事故時，必然會伴隨一個重傷甚至死亡事故。二是從預防的角度，要想減少嚴重傷害事件，必須讓那些輕微傷害意外事件和無傷害的意外事件同時減少。我們只有減少了意外或輕微事故，才可能同比例地減少重傷、死亡事故。

而能否消除日常的無傷害小型事故，取決於日常管理是否到位，也就是我們常說的細節管理，這是預防重大傷害事故的最重要的基礎工作。

那麼如何才能預防事故包括小事故的發生呢？從 5S 的角度，我們可以加強安全隱患檢查和安全整改，加強班組安全活動，加強安全事故分析與危險作業分析以避免事故隱患的出現。

三、5S 安全檢查：找到問題，進行整改

表 6-1　安全檢查確認表

類別	項目	要求
現場環境	突出物	牆壁、地面等處不存在有安全隱患的突出物
	溫度、濕度	是否符合作業要求
	煤氣等易燃、易爆及有毒氣體等	有無違章存放使用及洩漏現象
	噪音、振動	是否對人身、作業或建築物造成影響
	粉塵	是否對人體、生產等造成危害
	氣味	是否對人體、環境造成危害

續表

現場環境	採光、照明	是否符合作業要求，有無隱患
	安全範圍、警戒區域	是否進行了合理的規劃、標識有無被佔用
	地面	是否有濕滑、積水、凹凸不平等問題
設備與工裝	機械、設備	設備上是否有殘缺、破損等安全隱患，是否有鬆動或未固定的部件
	閥門、儀錶	是否完好無破損
	設備、工裝表面	設備、工裝、小車有無毛刺和尖銳棱角
	配線、配管佈局、走向	是否合理，有無洩露、裂紋安全隱患
	設備運轉部位	安全措施、保護用的遮蓋物等是否齊備
危險品與災害	危險品的放置	化學藥品等危險品分類放置（性質相抵觸物品分開放置）是否按規定位置、規定高度放置
	危險品的保管方法	是否制訂了保管人、制訂了危險品的保管方法
	防火設施、預警設備	佈局合否是否，數量是否充足緊急時是否能夠正常運作
	安全通道、出口等的管理	是否保持在可使用狀態
	火災、流行病、地震、颱風對策	是否設定了應急對策措施
生產作業	個人作業保護用品	是否充分、正確地佩戴或使用
	作業動作	是否按安全操作規範操作
	高溫作業	是否有降溫措施
	物品徒手搬運	是否按規定數量、規定動作進行搬運
維修作業	焊接作業	是否佩戴保護用具、器具
	人員高空作業	是否採取了保護措施
	高速轉動工具	是否採取了防護措施等

表 6-2　動力安全隱患與危險源識別匯總表

發現位置	內容	發現位置	內容
檢修安全	換熱管洩漏補焊 高空操作 漏氨 安全閥鬆動 換熱管腐蝕 壓力錶定期更換 7. DN50 以下換熱管不得撞擊	發電機	機體溫度高 發電機啟動時直接高速運行
		線路	積塵短路 線路破損漏電
		環境	溫度過高 防鼠板損壞，老鼠入內

表 6-3　安全隱患整改通知書

受檢工位		檢查者	
安全隱患內容： 　　　　　　　　　　　　　現場主管：			
整改對策： 　　　　　　　　　　　　　現場主管：			
整改結果確認： 　　　　　　　　　　　　　檢查者：			

　　安全的原則是預防為主，要想預防事故發生，就要消除安全隱患，要想消除安全隱患，就要認真進行安全檢查。

　　安全檢查是一項十分細緻、專業的工作，要對設備、現場進行詳細的查找及分析，以確保找到問題和隱患。

　　安全檢查結束後，把所有的安全隱患進行分部門或分類別匯總，作成安全隱患與危險源匯總表，以便於督促整改和留檔記錄。

四、5S 安全事故分析：前車之鑑，後車之師

我們不希望出現安全事故，但卻每天都在發生。所以，企業要善於分析他人的安全事故，避免此類事故在本企業內部重現。

對安全事故的原因進行分析，通常有直接原因和間接原因兩個層次。直接原因通常是一種或多種不安全行為、不安全狀態或兩者共同作用的結果。間接原因可追蹤於管理措施及決策的缺陷，或者環境的因素。分析事故時，應從直接原因入手，逐步深入到間接原因，從而掌握事故的全部起因。

圖 6-3　5S 安全事故分析原因

表 6-4　5S 安全事故分析表

原因種類	原因項目	原因示例
不安全狀態	設備、裝置	· 設備、設施、工具等結構不良或強度不夠 · 設備在非正常狀態下運行
	電氣	· 電氣、電線絕緣不良、漏電
	環境	· 生產(施工)場地環境不良，如：水、深坑
	保護裝置	· 防護、保險、信號等裝置缺乏或有缺陷 · 個人防護用品用具等缺少或有缺陷
不安全行為	操作不當	· 操作錯誤，減少程序，手代替工具操作 · 機器邊運轉，邊進行加油、修理、保養 · 物體存放不當
	注意力分散	· 聊天、走神

續表

不安全行為	危險面前不重視	· 使用不安全設備 · 冒險進入危險場所、危險裝置範圍
	防護裝置與器具	· 未按規範使用個人防護用品、用具 · 造成安全裝置失效
管理缺失	制度制訂	· 沒有安全操作規程或不健全
	制度落實	· 教育培訓不足，缺乏安全操作技術知識 · 對現場工作缺乏檢查或指導
	安全措施執行	· 對事故隱患整改不力 · 沒有或不認真實施事故防範措施
	人員安排	· 無證（電工證、鍋爐工證等）上崗 · 身體不舒服，安排進行危險性作業

　　企業應該定期進行安全事故分析，例如一個月一次，把這種案例分析作為安全會議或安全討論的一種基本形式。安全事故分析比一般安全會議形式更為活潑，容易給員工留下深刻印象，易取得好的會議效果。

　　安全事故討論分析時，要把事故原因與本企業的安全隱患或危險源結合起來，這樣活學活用，通過他人的教訓改善本企業的情況。分析完安全事故的原因之後，還要分析預防事故的對策。

五、5S 安全的推行要領

1. 建立系統的安全管理體制

　　有的企業可能因為忙或組織變更等原因，漸漸出現了消防設施沒有人管，安全生產沒有人要求……有的企業即使配備了專人，也因為

人微言輕，無法發揮應有的作用。

　　所以，建立系統的安全管理體制，首先要擺正安全管理與其他工作的關係，不要等發生事故了，才想到挽回。其次，要明確每一個管理者在安全管理中應負的責任，現場的人員不重視，不參與，光靠專人來控制是很難的。最後，才是具體的安全工作的系統管理，如消防設施、人員教育培訓、應急措施等等。

2. 重視員工的教育培訓

　　安全體現在工作中的每時每刻，所以，要讓員工充分認識到安全的重要性，時時注意，處處小心，不違章作業。教育員工的時機很多，入廠培訓、早會都是很好的時機。但是，僅僅說上兩句，或者理論上培訓是不夠的，員工難於產生興趣或重視。所以，有的企業採用消防演習等方式進行培訓，效果較好。

　　安全作業方面，一方面要讓員工切實掌握方法，明白其關鍵；另一方面要經常檢查確認，一旦發現違章作業，立即從嚴處理，這樣員工才能養成良好的工作習慣。

3. 實行現場巡視，排除隱患

　　現場巡視是對現場環境使用的設備裝置、工具、物品等做定期檢查，目的在於發現問題，改進不足。檢查方式、週期根據企業實際情況確定（在生產量發生重大變更、生產場地變更時，為了防止問題發生，也須進行檢查）。

　　在現場巡視發現的問題可能有很多，所以要區別對待，對致命安全問題，即該問題可能導致生命危險。例如：高壓線外表皮剝落，內部金屬芯外露等；違規操作足以造成傷殘等等。應該責成相關部門立即整改（12小時內）。對嚴重安全問題，即該問題可能影響生命安全與企業財產安全。

例如：消防通道被堵，電源線亂拉等問題，整改時間可為24小時內。而輕微的安全問題，即該問題可能有輕微潛在的不安全因素。例如：袖口、褲角是否繫緊，有無開線等等，此類整改期限可為一週內。而且，對於問題的發生，要徹底追究原因，尋求有效的對策，防止再次發生。

4.創造明快、有序、安全的作業環境

髒亂差的環境，難於培養好習慣，什麼樣的環境造就什麼樣的人。要讓員工認真工作、愛護自己，首先就要提供明快、有序、安全的作業環境。這裏我們可以採用目視管理、佈局改善等方法，不斷改善工作環境，培養人才。

六、5S 安全的推進步驟

第一步：制定現場安全作業基準

⑴通道、區域劃線，加工品、材料、搬運車等不可超出線外放置或壓線；

⑵設置工裝夾具架，用完後歸回原處；

⑶物品按要求放置，堆積時要遵守一定的高度限制，以避免傾倒；

⑷滅火器放置處、消防栓、出入口、疏散口、配電盤等禁止放置物品；

⑸易爆、易燃、有毒物品專區放置，專人管理；

⑹材料或工具靠放在牆邊或柱旁時，一定要採取防止倒下的措施；

⑺需要專業人員使用的機動車、設備，其他人不得違規使用。

第二步：規定員工的著裝要求

⑴工作服是否合身；

⑵袖口、褲角是否繫緊，有無開線；

⑶衣扣是否扣好；

⑷工作服是否沾有油污或被打濕（有著火或觸電的危險）；

⑸不穿拖鞋或穿了容易打滑的鞋；

⑹安全帽、安全鞋的正確使用；

⑺按要求戴工作手套；

⑻使用研磨機等要戴上護目鏡進行作業；

⑼在會產生粉塵的環境工作時，使用保護口罩；

⑽發現安全裝置或保護用具不良時，應立即向負責人報告，立刻加以處理。

第三步：預防火災的措施

⑴絕對遵守「嚴禁煙火」之規定；

⑵除特定場所外，均不得未經許可而私自動火；

⑶把鋸屑、有油污的破布等易燃物放置於指定的地方；

⑷特別注意工作後對殘火、電器開關、乙炔等的處理；

⑸定期檢查公司內的配線，並正確使用保險絲；

⑹徹底管理稀釋劑及油劑類物品。

第四步：應急措施

⑴常備急救用物品並標明放置位置；

⑵指定急救聯絡方法，寫明地址、電話。

第五步：日常作業管理

⑴一般機械作業部份：

①定期檢查機械、定期加油保養；

②齒輪、輸送帶等回轉部份加防護套後才能工作；

③共同作業時，要有固定的溝通信號；

④在機械開動時不與人談話；

⑤停電時務必切斷開關；

⑥故障待修的機器須明確標示；

⑦下班後對機械進行清掃、檢查、處理時，一定要讓機械處於關閉狀態。

(2)裝配、組裝作業：

①不可用口吹清除砂屑（會造成眼睛的傷害）；

②彎腰作業時注意不可彎腰過度；

③在不使吊著的物品搖晃、回轉的狀態下加減速度；

④如果手和工具上沾滿油污，一定要完全擦淨再進行作業。

七、5S 安全的實戰技巧與案例

1. 推車的使用方法

(1)推車時，雙手拿住把手，兩眼目視前方，途中不可鬆手。

(2)急轉彎時，不能推太快，並注意地下有無阻礙物。

(3)使用手動堆高車時，車上不能站人。

(4)使用台車時，只能推車，不能拉車。

(5)推車時，不能高速推出，以防撞人。

(6)推車時，不能談笑，車上禁止坐人。

2. 抬重物的正確方法(30 公斤以上時)

(1)必須兩人進行，先找好最安全的著手處，然後將重物抬起，平穩地放於需要放置處。

表6-5 安全檢查確認表

類別	項 目	要 求
現場環境	空氣	是否清新，有無流通
	溫度、濕度	是否符合作業要求
	煤氣等易燃、易爆及有毒氣體等	有無違章存放使用及洩漏現象
	噪音、振動	是否對人身、作業或建築物造成影響
	粉塵	是否對人體、生產等造成危害
	氣味	是否對人體、環境造成危害
	採光、照明	是否符合作業要求，有無隱患
	機械、設備	安裝是否合理，有無阻礙、易傷害人等問題
	配線、配管	佈局、走向是否合理，有無安全隱患
	設備運轉部位	安全措施、保護用的遮蓋物等是否齊備
	安全範圍、警戒區域	是否進行了合理的規劃、標識，有無被佔用
	地面	是否有濕滑、積水、凹凸不平等問題
作業方法	焊接作業	是否佩戴保護用具、器具
	人員高空作業等	是否採取了保護措施
	高速轉動工具	是否採取了防護措施等
	高溫作業	安全作業標準是否得到執行
	搬運重物	是否有規則並得到遵守
	作業動作	是否正確，有無危險動作或姿勢
預防措施	危險品的管理和處理	是否設定了具體管理或處理危險品的責任人
	危險品的保管方法	是否制定了危險品的保管方法
	防火設施、預警設備	緊急時是否能夠正常運行
	安全通道、出口等的管理	是否保持在可使用狀態
	火災、流行病、地震、颱風對策	是否設定了應急驟對策措施
安全體制	安全衛生管理者	是否明確
	急求用具，急救體制	是否具備
	健康檢查(定期體檢)	是否定期實施

⑵放置處的高度不要高於 1 米，高過 1 米時，採用其他輔助設備，以保證人身安全。

⑶放置處的距離超過25米時，請用推車。

3.戒刀的使用方法

⑴使用時旋開固定旋鈕，推出刀片，然後旋緊固定旋鈕後再使用。

⑵不使用時必須退回刀片，並旋緊固定旋鈕。

⑶每次使用時推出刀片至2～3格，不許將刀片整個推出。

⑷刀片鈍後去除時，應用鉗子挾緊刀片除刀。

4.載送機的使用方法

⑴載送產品時，將移載機叉子完全推入卡板槽內，安裝好把手，將載送機調至 ON 狀態，提起機器。

⑵卸下產品時，將移載機調至OFF狀態，取出移載機。

⑶非使用負責人，一律不許操作。

 案例 起吊作業危險預知訓練

員工用鋼絲繩捆住貨物，用吊車將貨物吊離地面，吊的過程中，員工要用手扶住貨物防止晃動，甚至要把住鋼絲繩防止向中間滑動造成不穩。危險預知訓練表如表 6-6 所示。

把危險預知訓練四步的「討論經過」總結歸納為危險預知訓練表。必須經過上級主管批示，審批通過後複印發給與該作業相關的所有人員，每人一份。

表6-6　危險須知訓練表

危險預知訓練報告——起吊作業			日期： 地點：

第一階段(分析潛在危險因素)

第二階段(確定主要危險因素)

○◎	序號	描述危險要因和現象(事故種類)
◎	1	左手握住鋼絲繩，鋼絲繩繃緊時會夾傷手指
○	2	看著貨物操作開關，按錯按鈕後會造成貨物壓腳
◎	3	貨物偏離吊鉤中心，起吊時貨物搖晃會碰傷患工
	4	起吊過程鋼絲繩斷開，貨物下落，壓傷作業人員
○	5	不戴安全手套，鋼絲繩劃傷手
	6	無防脫鉤設施，貨物脫鉤墜落，打傷作業人員
○	7	鋼絲繩與貨物間無襯墊，鋼絲繩磨斷，壓傷作業人員
	8	鋼絲繩吊角角度大，拉力過大斷裂，壓傷作業人員

第三階段(收集對策)

第四階段(確定行動對策)

◎序號	※重點	具體措施
1	※	起吊時，用手掌心按鋼絲繩
		起吊時，按貨物上方的鋼絲繩
3	※	起吊前，暫停，確認吊鉤中心位置
		從縱橫兩個方向分析吊鉤中心位置
		手指確認吊鉤中心位置
安全作業要點	起吊時，用手掌心按鋼絲繩 起吊前，暫停，確認吊鉤中心位置	

註：在主要危險因素前畫「○」符號，在最危險的因素前畫「◎」符號，在要買施的項目做重點記號「※」。

第 7 章

5S 管理的功能

一、5S(或 6S、7S)的起源

　　所謂 5S，是指 5 個管理重點項目，5S 起源於日本，指的是在生產現場中，將人員、機器、材料、方法等生產要素進行有效管理，它針對企業中每位員工的日常行為方面提出要求，倡導從小事做起，力求使每位員工都養成事事「講究」的習慣，從而達到提高整體工作質量的目的，是一種獨特的管理方法。

　　1955 年，日本 5S 的宣傳口號為「安全始於整理整頓，終於整理整頓」，當時只推行了前 2S，其目的僅僅為了確保作業空間和安全，後因生產控制和品質控制的需要，而逐步提出後續 3S，即「清掃、清潔、素養」，從而其應用空間及適用範圍進一步拓展。1986 年，首本 5S 著作問世，從而對整個日本現場管理模式起到了衝擊作用，並由此掀起 5S 熱潮。

　　日式企業將 5S 活動作為工廠管理的基礎，推行各種品質管理手

法，二戰後產品品質得以迅猛提升，奠定了經濟大國的地位。而在豐田公司倡導推行下，5S 對於塑造企業形象、降低成本、準時交貨、安全生產、高度的標準化、創造令人心怡的工作場所等現場改善方面的巨大作用逐漸被各國管理界 所認識。隨著世界經濟的發展，5S 現已成為工廠管理的一股新潮流。

　　根據企業的進一步發展需要，有的企業在 5S 現場管理的基礎上，結合如火如荼的安全生產活動，在原來 5S 基礎上增加了安全（safety）要素，形成「6S」。5S 指的是整理、整頓、清掃、清潔、素養這五個單詞，在 5S 管理的基礎上，增加了安全（safety）單詞要素，形成「6S」，為方便解說，本書仍稱為 5S 管理。

二、5S 的定義

　　所謂 5S，是指對生產現場各生產要素（主要是物的要素）所處狀態不斷進行整理、整頓、清潔、清掃和提高素養的活動。由於整理（Seiri）、整頓（Seiton）、清掃（Seiso）、清潔（Seiketsu）和素養（Shitsuke）這五個詞，日語中羅馬拼音的第一個字母都是「S」，所以簡稱 5S。

1. 整理（Seiri）

　　整理是徹底把需要與不需要的人、事、物分開，再將不需要的人、事、物加以處理。需對「留之無用，棄之可惜」的觀念予以突破，必須挑戰「好不容易才做出來的」、「丟了好浪費」、「可能以後還有機會用到」等傳統觀念。

　　整理是改善生產現場的第一步。其要點是對生產現場擺放和停滯的各種物品進行分類；其次，對於現場不需要的物品，諸如用剩的材

料、多餘的半成品、切下的料頭、切屑、垃圾、廢品、多餘的工具、報廢的設備、工人個人生活用品等，要堅決清理出現場。整理的目的是：改善和增加作業面積；現場無雜物，行道通暢，提高工作效率；消除管理上的混放、混料等差錯事故；有利於減少庫存，節約資金。

2. 整頓 (Seiton)

整頓是把需要的人、事、物加以定量和定位，對生產現場需要留下的物品進行科學合理地佈置和擺放，以便在最快速的情況下取得所要之物，在最簡潔有效的規章、制度、流程下完成事務。簡言之，整頓就是人和物放置方法的標準化。整頓的關鍵是要做到定位、定品、定量。抓住了上述三個要點，就可以製作看板，做到目視管理，從而提煉出適合本企業的物品的放置方法，進而使該方法標準化。

生產現場物品的合理擺放使得工作場所一目了然，創造整齊的工作環境有利於提高工作效率，提高產品質量，保障生產安全。對這項工作有專門的研究，又被稱為定置管理，或者被稱為工作地合理佈置。

3. 清掃 (Seiso)

清掃是把工作場所打掃乾淨，對出現異常的設備立刻進行修理，使之恢復正常。清掃過程是根據整理、整頓的結果，將不需要的部份清除掉，或者標示出來放在倉庫之中。清掃活動的重點是必須按照企業具體情況決定清掃對象，清掃人員，清掃方法，準備清掃器具，實施清掃的步驟，方能真正起到效果。

現場在生產過程中會產生灰塵、油污、鐵屑、垃圾等，從而使現場變得髒亂。髒亂會使設備精度喪失，故障多發，從而影響產品質量，使安全事故防不勝防；髒亂的現場更會影響人們的工作情緒。因此，必須通過清掃活動來清除那些雜物，創建一個明快、舒暢的工作環境，以保證安全、優質、高效率地工作。

清掃活動應遵循下列原則：

自己使用的物品，如設備、工具等，要自己清掃，而不要依賴他人，不增加專門的清掃工；

對設備的清掃要著眼於對設備的維護保養，清掃設備要同設備的點檢和保養結合起來；

清掃的目的是為了改善，當清掃過程中發現有油水洩露等異常狀況發生時，必須查明原因，並採取措施加以排除，不能聽之任之。

4. 清潔 (Seiketsu)

清潔是在整理、整頓、清掃之後，認真維護、保持完善和最佳狀態。在產品的生產過程中，永遠會伴隨著沒用的物品的產生，這就需要不斷加以區分，隨時將它清除，這就是清潔的目的。

清潔並不是單純從字面上進行理解，它是對前三項活動的堅持和深入，從而消除產生安全事故的根源，創造一個良好的工作環境，使員工能愉快地工作。這對企業提高生產效率，改善整體的績效有很大幫助。清潔活動實施時，需秉持三個觀念：

⑴只有在「清潔的工作場所才能生產出高效率、高品質的產品」；

⑵清潔是一種用心的行動，千萬不要只在表面上下功夫；

⑶清潔是一種隨時隨地的工作，而不是上下班前後的工作。

清潔活動的要點則是：堅持「3 不要」的原則──即不要放置不用的東西，不要弄亂，不要弄髒；不僅物品需要清潔，現場工人同樣需要清潔，工人不僅要做到形體上的清潔，而且要做到精神上的清潔。

5. 素養 (Shitsuke)

素養是指養成良好的工作習慣，遵守紀律，努力提高人員的素質，養成嚴格遵守規章制度的習慣和作風，營造團隊精神。這是 5S 活動的核心。沒有人員素質的提高，各項活動就不能順利開展，也不

能持續下去。

因此，實施 5S 實務，要始終著眼於提高人的素質。5S 活動始於素質，也終於素質。在開展 5S 活動中，要貫徹自我管理的原則。創造良好的工作環境，不能指望別人來代為辦理，而應當充分依靠現場人員來改善。

6. 安全(Safety)

安全也就是清除隱患、排除險情，預防事故的發生，從而保障員工的人身安全，保證生產能夠連續、安全、正常地進行，同時減少因安全事故所造成的經濟損失。

表 7-1　5S 含義表

中文	日文	英文	典型例子
整理	Seiri	Organization	倒掉垃圾，將長期不用的物品放入倉庫
整頓	Seiton	Neatness	30 秒內就可找到要使用的物品
清掃	Seiso	Cleaning	誰使用誰負責清潔(管理)
清潔	Seiketsu	Standardization	管理的公開化、透明化
素養	Shitsuke	Discipline and training	嚴守標準、團隊精神
安全		Safety	人身安全、正常生產

在 5S 的實際推行過程中，很多人常常混淆「整理」與「整頓」、「清掃」和「清潔」等概念，為了使 5S 得以迅速推廣傳播，很多推進者想了各種各樣的方法來幫助理解記憶，如漫畫、順口溜、快板等。用簡知語句來描述 5S，主要的目的就是方便每一個人的記憶，本書為講授，特別又將現今常用到的另一個管理重點(安全)，也列入授課範圍內。

三、5S 活動的推行目的

　　5S 活動在於創造出優雅的工作環境、良好的工作秩序、嚴明的工作紀律是提高工作效率、生產精密化產品、減少浪費、節約物料成本和時間成本以及確保安全生產的基本要求。一般來說，推行 5S 管理可以實現如下目的：

1. 提升企業形象

　　推行 5S 管理，有助於企業形象的提升。整齊清潔的工作環境，不僅能使自己的員工士氣得到提升，還能增強顧客的滿意度，有利於吸引更多的顧客與企業進行合作，這方面的事例很多。

　　一家日本公司準備投資，在考察了 60 多家企業後，與其中一家合作。事後日本這家公司的老闆說了一個極簡單的原因：他在參觀生產線時，趁人不注意摸了一下備用模具，未見一絲灰塵，就憑這一點，日本老闆用沒沾灰塵的手與對方簽了合同。還有一次，一家日本公司來談判，他們考察了廠房、物流，也去了研發部，回到會議室談來談去，就是拿不定注意。這時，這家商社的社長似乎突然想起了什麼，說休息 5 分鐘，就去了衛生間。等回來二話沒說就簽了協議。後來，談判人員才知道，這位社長是去衛生間「檢查衛生」去了，他去摸了摸讓人最容易忽視的燈泡是否乾淨，或許他的邏輯是這樣的：如果連衛生間的清潔都能夠做好，那麼這個企業的產品也一定信得過。因此，良好的現場管理是吸引顧客、增強客戶信心的最佳廣告。此外，良好的企業形象一經傳播出去，就會使 5S 企業成為其他企業學習的對象。

2.增加員工歸屬感和組織的活力

　　5S 活動的實施，還可以增加員工的歸屬感。在乾淨、整潔的環境中工作，員工的尊嚴和成就感可以得到一定的滿足。由於 5S 要求進行不斷的改善，因而可以帶動員工進行改善的意願，使員工更願意為 5S 工作現場付出愛心和耐心，進而養成「以廠為家」的好作風。人人都變成了有修養的員工，有尊嚴感和成就感，自然會盡心盡力地完成工作，並且有利於推動意識的改善，實施合理化提案以及改善活動，從而進一步增加了組織的活力。

3.減少浪費

　　企業實施 5S 的最大目的實際是為了減少生產過程中的浪費。由於工廠中各種不良現象的存在，在人力、場所、時間、士氣、效率等方面造成了很大的浪費。5S 可以明顯減少人員、時間和場地的浪費，降低了產品的生產成本，其直接結果就是為企業增加了利潤。

4.安全有保障

　　降低安全事故的發生，是很多企業一直努力的重要目標。5S 的實施，可以使工作場所寬廣明亮，地面上不隨意擺放物品，保持通道暢通，自然就使安全得到了保障。另外，由於 5S 活動的長久堅持，可以培養工作人員認真負責的工作態度，這樣也減少了安全事故。

5.效率提升

　　開展「5S」活動能創造良好的工作環境，提高員工的工作效率，如果員工每天工作在滿地髒汙、到處灰塵、空氣刺激、燈光昏暗、過道擁擠的環境中，怎能激發員工的積極性呢？而整齊、清潔有序的環境，能給企業及員工帶來：對品質的認識和對品質認識的提高，獲得顧客的信賴和社會的讚譽，提高員工的工作熱情，提高企業形象，增強企業競爭力。另外，物品的有序擺放，減少了物料的搬運時間，工

作效率自然得到了提升。

6. 品質有保障

產品品質保障的基礎在於做任何事情都要認真嚴謹，杜絕馬虎的工作態度。5S 實施的目的就是為了消除工廠中的不良現象，防止工作人員馬虎行事，這樣就可以使產品的品質得到可靠的保障。

例如，一些生產電子產品的生產廠家，對工作環境的要求是非常苛刻的，一個微米級的塵埃都可能導致價值數萬元產品的報廢。因此這些企業實施 5S 就尤為必要。

7. 改善零件在庫週轉率

整潔的工作環境，有效的保管和佈局，徹底進行最低庫存量管理，能夠做到必要時能立即取出有用的物品。物流通暢，能夠減少甚至消除尋找、滯留時間，改善物品在庫存週轉率。

8. 提高設備的使用壽命

5S 通過對設備的清掃，可以發現可能存在的異常隱患，使其消除在萌芽之中。在清掃過程中對設備進行點檢，同時對設備進行保養維修，消除了故障發生的源頭，從而提高設備的使用壽命。

9. 降低生產成本

通過實施 5S，可以減少人員、設備、場所、時間等等的浪費，從而降低生產成本。例如，在 5S 的清掃過程中，可以發現油壓的滲漏，並予以徹底清掃，既消除了設備的安全隱患，又節約了費用。此外，在生產現場合理安排機器設備的位置，可以節約工作空間，並減少物品來回搬運的距離。

10. 縮短作業週期，確保交貨期

由於實施了「一目了然」的管理，使異常現象明顯化，減少人員、設備、時間的浪費，生產順暢，提高了作業效率，縮短了作業週期，

從而確保交貨期。

四、5S 管理的功能

　　5S 在實際推行過程中，很多人卻常常混淆「整理」與「整頓」、「清掃」和「清潔」等概念，為了使 5S 喜聞樂見，得以迅速推廣傳播，很多推進者想了各種各樣的方法來幫助理解記憶，如漫畫、順口溜、快板等。用以下的簡短語句來描述 5S，也能方便記憶。

　　整理：要與不要，一留一棄；

　　整頓：科學佈局，取用快捷；

　　清掃：清除垃圾，美化環境；

　　清潔：形成制度，貫徹到底；

　　素養：形成制度，養成習慣。

　　企業實行優質管理，創造最大的利潤和效益是一個永恆的目標。而優質管理具體說來，就是在 Q(quality 品質)、C(cost 成本)、D(delivery 納期)、S(Service 服務)、T(technology 技術)、M(management 管理)方面有獨到之處。

1. Q(品質)

　　指產品的性能價格比的高低，是產品固有的特性。好的品質是顧客信賴的基礎，5S 能確保生產過程的秩序化、規範化，為好品質打下堅實的基礎。

2. C(成本)

　　隨著產品的成熟，成本趨向穩定。相同的品質下，誰的成本越低，誰的產品競爭力就越強，誰就有生存下去的可能。通過 5S 可以減低各種「浪費、勉強、不均衡」，提高效率，從而達到成本最優化。

3. D（納期）

為適應社會需要，大批量生產已轉為個性化生產（多品種少批量生產），只有彈性、機動靈活的生產方式才能適應納期需要。納期可以體現公司適應能力的高低，5S 是一種行之有效的預防方法，能夠及時發現異常，減少問題的發生，保證準時交貨。

4. S（服務）

眾所週知，服務是贏得客源的重要手段。通過 5S 可以提高員工的敬業精神和工作樂趣，使他們更樂意為客人提供優質服務。另外通過 5S 可以提高行政效率，減少無謂的確認業務，可以讓客人感到快捷和方便，提高客戶滿意度。

5. T（技術）

未來的競爭是科技的競爭，誰掌握了高新技術，誰就更具備競爭力。5S 通過標準化來優化技術，積累技術，減少開發成本，加快開發速度。

6. M（管理）

管理是一個廣義的範疇，狹義可分為對人員的管理、對設備的管理、對材料的管理、對方法的管理四種。只有通過科學化、效能化管理，才能達到人員、設備、材料、方法的最優化，取得綜合利潤最大化。5S 是科學管理最基本的要求。

通過推進 5S 活動，可以有效達成 Q、C、D、S、T、M 六大要素的最佳狀態，實現企業的經營方針和目標。所以說，5S 是現代企業管理的基礎。

五、5S 為企業帶來的作用

5S 有八大作用：虧損為零、不良為零、浪費為零、故障為零、切換產品時間為零、事故為零、投訴為零、缺勤為零。因此這樣的工廠我們也稱之為「八零工廠」。

1. 虧損為零──5S 是最佳的推銷員

· 至少在行業內被稱讚為最乾淨、整潔的工廠；
· 無缺陷、無不良、配合度好的聲譽在客戶之間口碑相傳，忠實的顧客越來越多；
· 知名度很高，很多人慕名來參觀；
· 大家爭著來這家公司工作；
· 人們都以購買這家公司的產品為榮；
· 整理、整頓、清掃、清潔、素養和安全維持良好，並且成為習慣，以整潔為基礎的工廠有更大的發展空間。

2. 不良為零──5S 是品質零缺陷的護航者

· 產品按標準要求生產；
· 檢測儀器正確地使用和保養，是確保品質的前提；
· 環境整潔有序，異常一眼就可以發現；
· 乾淨整潔的生產現場，可以提高員工品質意識；
· 機械設備正常使用保養，減少次品產生；
· 員工知道要預防問題的發生而非僅是處理問題。

3. 浪費為零──5S 是節約能手

· 5S 能減少庫存量，排除過剩生產，避免零件、半成品、成品在庫過多；

- 避免庫房、貨架、天棚過剩；
- 避免卡板、台車、堆高車、運輸線等搬運工具過剩；
- 避免購置不必要的機器、設備；
- 避免「尋找」、「等待」、「避讓」等動作引起的浪費；
- 消除「拿起」、「放下」、「清點」、「搬運」等無附加價值動作；
- 避免出現多餘的文具、桌、椅等辦公設備。

4. 故障為零——5S 是交貨期的保證

- 工廠無塵化；
- 無碎屑、碎塊和漏油，經常擦拭和保養，機械稼動率高；
- 模具、工裝夾具管理良好，調試、尋找時間減少；
- 設備產能、人員效率穩定，綜合效率可把握性高；
- 每日進行使用點檢，防患於未然。

5. 切換產品時間為零——5S 是高效率的前提

- 模具、夾具、工具經過整頓，不會花費過多的尋找時間；
- 整潔規範的工廠機器正常運轉，作業效率大幅度上升；
- 徹底的 5S，讓初學者和新人一看就懂，快速上崗。

6. 事故為零——5S 是安全的軟體設備

- 整理、整頓後，通道和休息場所等不會被佔用；
- 物品放置、搬運方法和積載高度考慮了安全性因素；
- 工作場所寬敞、明亮，使物流一目了然；
- 人車分流，道路通暢；
- 「危險」、「注意」等警示明確；
- 員工正確使用保護器具，不會違規作業；
- 所有的設備都進行清潔、檢修，能預先發現存在的問題，從而消除安全隱患；

· 消防設施齊備，滅火器放置位置、逃生路線明確，萬一發生火災或地震時，員工生命安全有保障。

7. 投訴為零——5S 是標準化的推動者

· 人們能正確地執行各項規章制度；

· 去任何工作崗位都能立即上崗作業；

· 誰都明白工作該怎麼做，怎樣才算做好了；

· 工作方便又舒適；

· 每天都有所改善，有所進步。

8. 缺勤率為零——5S 可以創造出快樂的工作崗位

· 一目了然的工作場所，沒有浪費、勉強、不均衡等弊端；

· 崗位明亮、乾淨，無灰塵、無垃圾的工作場所讓人心情愉快，不會讓人厭倦和煩惱；

· 工作已成為一種樂趣，員工不會無故缺勤曠工；

· 5S 能給人「只要大家努力，什麼都能做到」的信念，讓大家都親自動手進行改善。

· 在有活力的一流工廠工作，員工感到自豪和驕傲。

除以上八大作用外，5S 還有以下作用：

1. 提升企業形象

實施 5S 活動，有助於企業形象的提升。整齊清潔的工作環境，不僅能使工作人員的士氣得到提升，還能增強顧客的滿意度，有利於吸引更多的顧客與企業進行合作。因此，良好的現場管理是吸引顧客、增強客戶信心的最佳廣告。此外，良好的企業形象一般傳播出去，就會使 5S 企業成為其他企業學習的對象。

2. 增加員工歸屬感和單位組織的活力

5S 活動的實施，還可以增加員工的歸屬感。在乾淨、整潔的環

境中工作，員工的尊嚴和成就感可以得到一定的滿足。由於 5S 要求進行不斷地改善，因而可以帶動員工進行改善的意願，使員工更願意為 5S 工作現場付出愛心和耐心，進而培養「工廠就是家」的感情。人人都變成了有修養的員工，有尊嚴感和成就感，自然會盡心盡力地完成工作，並且有利於推動意識的改善，實施合理化提案以及改善活動，就進一步增加了組織的活力。

3. 效率提升

5S 活動還可以幫助企業提升整體的工作效率。優雅的工作環境、良好的工作氣氛以及有素養的工作夥伴，都可以讓員工心情舒暢，從而有利於發揮員工的工作潛力。另外，物品的有序擺放，減少了物料的搬運時間，工作效率自然得到了提升。

4. 品質有保障

產品品質保障的基礎在於做任何事情都要認真嚴謹，杜絕馬虎的工作態度。5S 實施的目的就是為了消除工廠中的不良現象，防止工作人員馬虎處事，這樣就可以使產品的品質得到可靠的保障。例如，在一些生產數碼相機的廠家中，對工作環境的要求是非常苛刻的，空氣中混入的灰塵都會造成數碼相機品質不良，因此這些企業實施 5S 就尤為必要。

第 **8** 章

5S 管理活動的推進

一、5S 管理活動的偏失

有很多剛開始實施 5S 的企業認為：5S 無非就是整天掃地、整理物品以及將物品進行定位。在這種想法的作用下，他們認為 5S 就是為了在企業有客戶進行參觀，或者有重要的政府官員來視察的時候，給外界留下一個良好的形象，讓別人覺得本企業已經脫離了家庭作坊式的生產。總的來說，當前很多企業對 5S 活動的認識還存在不少的誤解，這些誤解可歸納為如下幾點：

1. 5S 就是大掃除

很多企業的員工，包括主管都認為 5S 僅僅是一種大掃除，只是為了改善企業形象。實際上，5S 活動不僅能夠使工作現場保持清潔，更重要的是通過持續不斷的改善活動，使工作現場的 5S 水準達到一定的高度，促使員工養成良好的工作習慣，提高員工的個人素養。因此，5S 活動與大掃除的根本區別在於：5S 是持續的活動，大掃除是

臨時性活動，二者過程不同，目標也不同。

2. 5S 只是生產現場員工的事情

　　很多不在生產一線的工作人員認為：5S 活動是生產現場員工的事情，不在生產現場的人員不需要開展 5S 活動。這種觀點也是不正確的，單個部門的 5S 活動是很難在全範圍內取得預期效果的。例如，如果業務部門所下達的訂單沒有及時出廠，致使產品堆積在工廠，生產工廠的人員將無法進行 5S 活動。因此，5S 活動強調的是全員參加，領導者尤其要帶頭參與。

3. 做好 5S 企業就不會有任何問題

　　很多企業在推行 5S 活動的時候總希望 5S 活動能夠「包治百病」，解決企業內部所有的問題。但是實際上，5S 只是企業修煉的一個基本功，它產生的效果範圍僅包括生產現場的整潔以及員工素養的提高。一個企業要想獲得盈利，除了開展 5S 活動之外，還需要注意在戰略管理、營銷策略等方面下功夫。因此，期待 5S 是包治百病的靈丹妙藥是不切實際的。

4. 5S 活動只花錢不賺錢

　　企業存在的根本目的就是為了最大程度地追求效益。很多企業的領導者沒有遠見，認為開展 5S 活動需要較多的投入，因此他們認為5S 活動的推廣是賠本生意，因而不願意實施。一般來說，5S 活動的開展初期需要投入較多的資金，並且很難在短期內形成收益。但是，只要企業能夠持續開展這項活動，5S 將為企業帶來長遠的發展效益。因此，企業的領導者應該把目光放遠一些，要堅持實施 5S 活動。

5. 由於太忙而沒有時間推行 5S

　　企業生產現場的狀況一般都是比較複雜的，經常會出現很多預想不到的問題。工作人員除了要從事正常的生產工作之外，還需要花費

相當多的精力用於解決工作現場中出現的各種問題。因此，很多員工認為目前的工作已經非常繁重，實施 5S 活動增加了員工的工作負擔。實際上，5S 的實施正是為了提前發現問題、解決問題，防止突發事件的發生。實施 5S 之後，工作人員的工作反而會變得輕鬆。

6. 5S 活動能立竿見影、速戰速決

有些企業認為 5S 活動比較簡單，試圖短期見效。在推行之初，就制訂各種檢查標準和獎懲標準，然後頒佈下去。但是卻只告訴員工不應該怎麼做，而沒有告訴員工應該怎麼做，更沒有告訴員工怎麼做更好。

從一開始就通過檢查代替輔導推進，會引起基層主管和一線員工的不滿，因為他們會覺得 5S 活動就是罰錢、增加工作量，而 5S 推進部門只知道檢查和罰款，並不知道如何才能更好的帶動所有員工自覺自發地進行 5S 活動。

所以如果盲目地想要立刻起到立竿見影的效果，從一開始推進 5S 就進行的比較粗糙，單純地認為 5S 是大掃除，會適得其反，很快反彈，回到從前。因此一定要循序漸進，從宣傳教育到試點，從樣板到全面推進，從整齊亮麗型 5S 到改善型 5S。

7. 5S 活動是形式主義

有人認為整理、整頓、清掃、清潔和素養等 5S 活動過於注重形式，缺少實質性的內容，因而對 5S 活動的實施效果始終持懷疑的態度。一般說來，5S 活動的實施確實需要一些形式，例如標準、宣傳、培訓等，但是 5S 活動的目的是為了使員工通過不斷的重覆，養成良好的工作習慣。因此，認為 5S 活動是形式主義的觀點是不正確的。

8. 開展 5S 活動主要靠員工自發行為

很多企業將 5S 活動推行失敗的原因歸結為員工不願意參與。準

確地說，5S 活動的實施，並不是靠員工的自發行為，而是靠帶有強制性的執行標準，員工在 5S 活動的實施過程中必須按照 5S 的要求來行事。因此，5S 活動的實施雖然強調員工的全體參與，但依然應該由企業的高層由上而下地加以推動和監督。

9. 罰款方式才能迫使員工全力以赴

一些推行 5S 的企業曾經總結出經驗，那就是罰款比獎勵更有效。在某些企業的某段時間來講，這種結論是正確的。

但是，一個企業主要是通過罰款來進行日常管理的話，並不會給員工帶來很高的積極性。因為如果長期依賴罰款來推進 5S，員工自主管理的能力很難提升，素質很難提高，使 5S 長期徘徊於低級階段。

所以，5S 管理要強調壓力和動力相結合。不僅僅靠考核、罰款等壓力來推進，同樣要通過引力來拉動，即通過看板管理、視覺化管理、競賽活動、改善提案等方法激勵員工不斷地改善。

二、推行 5S 管理的三大成功關鍵

第 1 個關鍵：經營管理層重視
1. 戰略規劃決定行動方向

經營層重視，第一表現為從企業經營戰略規劃的角度，決定什麼時候，整合什麼資源推行 5S，推行什麼樣的 5S。這點非常關鍵，企業並不是因為要推行 5S 而推行，首先要考慮企業將來要如何發展，配合這個發展需要解決什麼問題，推行 5S 的目的即在於解決這個問題。這個目的明確了，推行 5S 需要朝那個方向，需要什麼資源，達到什麼程度就非常明確。大家工作起來自然有目標，有頭緒，幹勁油然而生。

例如：讓公司成為行業裏的旅遊參觀型企業——改善企業形象是重點；讓公司成為行業裏成本最低的企業——提高工作效率，減少浪費是重點；讓公司的現場井然有序——規範現場，提升人員素養是重點等等。

2. 主管是最好的標杆和榜樣

俗話說：「說一千遍不如自己親自做一遍」。5S 是做出來的，在活動的推行中，員工會看著幹部怎麼做，幹部會看著主管怎麼做，所以主管以身作則非常重要。如要求穿制服進入廠房，那麼主管一定要率先垂範，不做特殊化。很多企業的員工會自覺撿起地上的垃圾和跌落的零件，幾乎不用確認就知道，他們的主管也是這樣做的。

主管以身作則的首要場所就是自己的辦公室，乾淨整潔的辦公室既能向員工和屬下傳遞 5S 的資訊，又能讓到訪的客人首先感受到企業的巨大變化，是一舉兩得的好事。

第 2 個關鍵：全員參與

1. 5S 先從意識抓起

要全員都支持 5S，參與 5S，首先要讓全員理解為什麼要做 5S，明白 5S 該如何做。這就要求我們要做好員工的 5S 宣傳和培訓教育工作，營造一種整體改善向上的氣氛。能夠進行宣傳教育的方法很多：如宣傳看板、制定 5S 活動手冊、徵文、口號及標語徵集、優秀企業觀摩等等。只要有助於整體 5S 氣氛的營造，各企業可以根據自身狀況靈活制定。

清掃現場要先清掃思想。只有讓員工明白 5S 對企業、對自身工作有實實在在的便利和好處，不是無中生有，強加進來的多餘事情，才能消除員工的疑慮，減少抵觸和抗拒情緒，讓 5S 推行更加順暢、深入。

2. 5S 向我看齊

榜樣的力量是無窮的。雖然對大家動之以情，曉之以理宣傳教育 5S 知識，但是 5S 應該做到怎樣，有些什麼方法，大家心裏都不是很明確。這時候，如果能夠根據各自的工作特色，設定一些樣板區，通過樣板區的親身實踐，以活生生的事實來說明 5S 的方法和要求，大家有了一個比較借鑑，就更容易推行實施了。透過樣板區的先行一步，也容易讓大家形成「他能做到、我會做得更好」的不服輸的心理。有了競爭氣氛，工作就很好展開了。

另外，因為推進辦公室人員精力有限，全公司每個角落去指導是很不現實的，勉力而為，5S 反而達不到一定深度。通過樣板區的先行，能夠將推進辦人員的經驗、智慧集中發揮，然後以點帶面，起到事半功倍的效果。

3. 關注每一次進步

5S 的推行活動中，現場每天都在進步。推行人員應該關注每一點一滴的成就，及時給予肯定和支援。出色的員工得到表揚後，將會更加努力；平時吊兒郎當的員工，因為平時就很少被肯定，他們的一些成績如果被看到和表揚時，他們會非常意外。任何人都希望被關注和重視，5S 在推行活動中，一些以前表現差的員工反而做得讓人刮目相看，其道理是一樣的。

另外，推行過程中也難免出現失誤，產生一些負面影響。這時候，一定要給予及時正確的引導，把工作及時引向正軌。

4. 人人有目標，事事有擔當

仔細看看我們的現場，如果有專人負責的工作，一般不會產生多大問題；出問題的多是一些多人負責的事情，正應了一句話：大家都管，最後就變成沒人管。5S 活動也是同樣道理，辛辛苦苦地進行整

理整頓和清掃清潔,突破重重阻力處理了歷史遺留問題,如果沒人繼續負責維持,那麼來之不易的成果很快就要付諸東流。崗位責任制就是要讓事事有人管,人人有責任,使 5S 成果能夠維持下去。

同時,通過明確每個人的責任,沒有人可以置身事外,無形之中就把大家都融入到整個活動中,積極性也充分被激發起來了。

表 8-1　各級人員的 5S 職責

序號	崗位	5S 職責
1	董事長 總經理	(1)確認 5S 活動是公司管理的基礎 (2)參加與 5S 活動有關的教育訓練與觀摩 (3)以身作則,展示企業推動 5S 的決心 (4)擔任公司 5S 推動組織的領導者 (5)擔任 5S 活動各項會議的主席 (6)仲裁有關 5S 活動檢討問題點 (7)掌握 5S 活動的各項進度與實施成效 (8)定期實施 5S 活動的上級診斷或評價工作 (9)親自主持各項獎懲活動,並向全體員工發表講話
2	管理人員	(1)配合公司政策,全力支持與推行 5S (2)參加外界有關 5S 的教育訓練,吸收 5S 技巧 (3)研讀 5S 活動的相關書籍,廣泛收集資料 (4)開展部門內 5S 指導並參與公司 5S 宣傳活動 (5)規劃部門內工作區域整理、定位工作 (6)根據公司的 5S 進度表,全面做好整理、定位、畫線標示 (7)協助下屬克服 5S 障礙與困難點 (8)熟讀公司「5S 活動競賽實施方法」並向下屬解釋 (9)參與公司評分工作 (10)5S 評分缺點改善和指導 (11)督促下屬進行定期的清掃點檢 (12)上班後進行點名與服裝儀容清查,上班過程中進行安全巡查

序號	崗位	5S 職責
3	基層員工	(1)對自己的工作環境須不斷地整理、整頓，物品、材料及資料不可亂放 (2)不用的東西要立即處理，不可佔用作業空間 (3)通路必須經常維持清潔和暢通 (4)物品、工具及文件等要放置於規定場所 (5)滅火器、配電盤、開關箱、電動機、冷氣機等週圍要時刻保持清潔 (6)物品、設備要仔細、正確、安全地擺放，將較大、較重的物品堆在下層 (7)保管的工具、設備及所負責的責任區要整理 (8)將紙屑、布屑、材料屑等集中於規定場所 (9)不斷清掃，保持清潔 (10)注意上級的指示並加以配合

5. 形式多樣，鼓勵創新

因為 5S 是全員活動，所以全員參與是一個很重要的特色。在推行過程中，同樣的一個要求，員工因為經驗和能力的差異，難免會弄出五花八門的結果。推行人員這個時候要鼓勵創新，認可這些差異，因為員工的熱情參與比什麼都重要。

另外，通過互相觀摩等形式的活動，能夠讓大家在比較中明白怎樣做效果最好，逐漸形成公認的統一標準。

第 3 個關鍵：持續改善

1. 不斷前進，不再回首

5S 推行一個階段後，員工通過親手改善，親身感受現場的巨大變化，自己工作起來身心更加愉悅，如果倒退回原來的髒亂差，那麼

員工是極其不願意的。作為推行人員，這時要從一個推行人員的角色轉化為督導人員的角色，把責任交給員工，把信任交給員工，把榮譽交給員工。讓員工從被動到主動，積極完成自己的工作，不斷改善，不斷前進。

2. 5S 的動力加油站

創意改善，是指在原來的基礎上有所突破，形成了新的方法，能起到更好的效果。員工在現有的基礎上提出自己的想法和創意，既說明員工在活動中的參與投入程度高，也表明現場管理充滿了人性化，充分激發了大家的積極性。通過員工積極開動腦筋，自己動手，自己設法解決問題，能夠形成良好的互動局面，不斷撞擊出新火花，帶動整個活動走向更高的層次。

所以，5S 的整個過程，創意改善是畫龍點睛之筆，是一個蘊藏著巨大能量的動力加油站。

3. 讓 5S 成為我們的工作習慣

好的方法，要不斷的傳承下去，就必須標準化成制度，堅持執行，直到成為工作中的一部份。5S 也是如此，在推行過程中得到的寶貴經驗，如設備的管理方法、工具的放置方法、油漆的使用方法等，如果不加以提升總結，使標準化成為一種制度，讓更多的人受惠，那麼前期的辛苦就沒有意義。

企業要把 5S 當成一種宗教，形成制度後，虔誠狂熱地堅持下去，直到成為我們的工作習慣。

4. 持之以恆是關鍵

5S 效果看得見，持之以恆是關鍵。堅持 5S 比推行 5S 更難，很多 5S 取得成功的企業都有同感。要堅持 5S，僅僅靠部門幹部和員工的自覺和意識遠遠不夠，加上單位主管經常巡視現場，職能部門不斷

督促，還是不夠。這就有點像學生讀書，你說這段課文要記要背啊，他不一定會重視，但是如果說這段課文要考試的，不用多費神，他保證會背得滾瓜爛熟。

評比考核就是 5S 考試。在 5S 沒有成為企業所有員工的習慣之前，評比考核是一定要堅持的，考核完畢，要根據成績優劣，在工資或獎金上有所體現。這樣才能引起大家的重視。

當然，評比考核也要考慮到有些應付心態，要擠掉有些投機的泡沫成分，儘量做到公正客觀。

5. 讓我們做得更好

從管理者的角度，對員工第一年要求 5S，員工會感到新鮮；第二年強調 5S，又沒有更新的方法的話，員工往往不感興趣；第三年強調的話，員工就會覺得老生常談，變得反感厭倦。從 5S 的實質來看，也僅是現場管理的基礎，企業在基礎的水準上一直裹足不前，將來也會失去競爭力。

從現場管理的角度看，要徹底維持 5S 成果，就必須徹底解決問題，防止再發。如整頓，現場如果物料很多，那麼怎麼去設法擺好放好，也是產生不了價值的浪費。要徹底做好整頓，就要現場不擺放等待的物料，這需要從生產體制上革新，如精益革新，才能徹底解決問題。

所以，無論從那個角度看，我們都必須追求更高更新的管理方法，才能做得更好。

三、5S 管理活動的推進組織

1. 首先要確定推進部門架構

5S能否按預定計劃推進,與是否有一個強有力的推進組織有極大關係。

成立 5S 推行委員會,例如委員會設主任委員、副主任委員、幹事、執行秘書各一名,委員及代理委員若干名,各成員必須明確其具體的工作職責及責任區域。

圖 8-1　5S 推行委員會架構

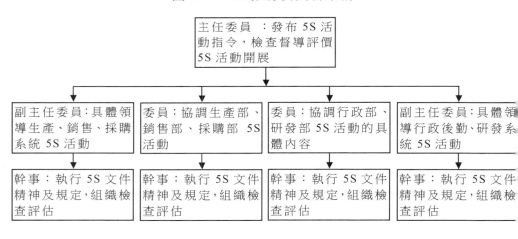

5S活動的推進導入,前期要建立一個組織(事務部門)作為核心力量來推動5S的實行。這個部門既可以是專職的,也可以是兼職的。當5S成為每位員工的習慣時,該部門5S活動的推進功能減弱,就可轉為由各部門為主自行推動。

(1) 該部門的職責

· 設定5S的方針和推進目標；
· 確定5S推進的方法、方案；
· 制定推進計劃及策劃推進活動；
· 實施5S教育訓練；
· 制定5S考核評價標準；
· 建立5S監督檢查體系。

(2) 建立這樣一個推進組織的注意事項

· 層次不宜太多（3層為宜）；
· 成員精幹，有主見和熱情，有影響力和號召力；
· 責任明確，分工協作，各展所長；
· 賦予權力，配備足夠資源（如經費、辦公場所）等。

職責說明——

· 最高責任者：任命主任，批准5S推進計劃書，評價5S的推進改善成果，是5S活動成敗的最終責任者。
· 主任：策劃整體的推進活動，負責推進工作，和各委員負責具體的推進工作，定期向最高責任者報告推進狀況。
· 推進辦公室：推進具體工作的策劃和實施跟進。
· 委員：推進工作的實施，各部門改善的評價確認。
· 各部門長：責任範圍的5S推進。

2. 要有 5S 推行計劃

工作計劃是整個5S推進活動的作戰部署。只有切實摸清各種背景狀況，制定出行之有效的相關措施，才能打一場漂亮的大勝仗。可以這麼說，有好的作戰部署（工作計劃），整個5S活動就成功了一半。

按照戴明圓環的原理，計劃一般分四大部份：

· 準備階段：包括成立推進組織、制定5S方針和目標、培訓教育及宣傳策劃等內容；
· 運行階段：試運行、各種活動及手法、全面展開、資源配備、人員分工等；
· 評價階段：包含定期評價、不定期評價、發表會、總結報告等；
· 反省改善階段：涵蓋問題點整理、檢討會、改進措施、今後工作方向等。

3. 建立 5S 活動的制度章程

沒有規矩，不成方圓。組織建立起來後，要集體檢討制定相應的規章制度，要先頒佈相應的獎懲制度，營造一種「不得不做，不得不做好」的氣氛，也同時為日後的工作明確方法和方向。

最初制定的制度和章程，目的是宣佈5S推進委員會的正式成立，5S活動正式啟動。最重要的是要告訴全體員工，公司對5S的重視程度，同時最好明文規定，積極完成工作者，將如何獎勵；不能達標者，將如何處分。獎勵及處分標準可以結合企業慣例制定，獎勵的要讓大家心動，處分的要讓大家心痛，這樣一來，大家的積極性就被激發出來了。

所以，這份綱領性文件應由企業的最高主管認可發佈。

規章制度制定出來後，要及時向全體人員公佈，各部門同時要做好宣傳解釋工作，務必讓每位員工都知道和理解。從而做到「有『章』可依，有『章』必依，執『章』必嚴，違『章』必究」。

四、推行 5S 管理的準備工作

目前國內已經有不少企業意識到實施 5S 的顯著效能，並且開始在生產現場推行 5S 活動，但是，由於企業內部員工對 5S 認識不足或存在誤解，在 5S 的推行過程中還存在很多現實的障礙。這些障礙主要包括：領導重視不夠，5S 活動常常自生自滅；員工參與程度不高，認為活動與己無關，甚至認為是額外負擔。

企業進行不斷改善是為了實現精益工廠的目標，追求七個「零」極限目標，但是企業領導和普通員工的意識障礙嚴重影響了 5S 的成功推行，因此，企業必須在內部廣泛進行意識改善，從而更好地推行5S。消除意識障礙應該主要從以下兩個方面考慮：

1. 消除領導者的顧慮

企業的最高領導人是否確定要推行 5S 活動，是決定 5S 活動能否成功的關鍵因素之一。如果企業的領導者對 5S 的認識並不充分，僅僅憑一時興起而推行 5S，那麼 5S 活動很可能會陷入自生自滅的境地，很難長久地推行下去。因此，推行 5S 活動首先需要企業的領導者下定決心，充分做好長期推進的準備。

2. 強調全員參與

5S 活動需要全員參與，熱情參與的員工越多，對活動的推行越有利。

員工對活動熱情的長期維持在很大程度上取決於最高管理者的意志力，這就要求最高管理者在決定發起 5S 活動時消除猶豫。另外，企業還可以通過動員會、內部刊物文章發表、鼓勵提出改善方案等措施使 5S 活動更加豐富多彩，吸引更多的員工積極參與。

五、5S 管理活動的推進過程

1. 5S 活動分成三個推進階段

在5S活動推進中，發現有這麼一種現象：5S活動開展起來比較容易，大部份還做得轟轟烈烈，短時間內效果顯著。但很多企業都存在「一緊、二鬆、三垮台、四重來」的現象。因此，5S活動貴在堅持。

工廠推行5S活動一般都會遭遇以下問題：

· 員工不願配合，未按規定擺放或不按標準來做，達不成共識；

· 事前規劃不足，不好擺放及不合理之處很多；

· 公司成長太快，廠房空間不足，物料無處堆放；

· 實施不夠徹底，積極性不高，抱著應付心態；

· 評價制度不合理，無法激勵士氣；

· 評價人員打人情分，失去了公平競爭的意義。

這些問題主要來自於員工心底深處的意識障礙，如：

· 「推進整理、整頓，又不能提高生產效率。」

· 「我們這水準算是蠻不錯的了！」

· 「文件、資料一大堆，這麼多要求，做不到！」

· 「5S呀？那是生產部門的事。」

· 「天天加班，那有時間做整理整頓？」

· 「能交貨就行了，我喜歡怎樣做就怎樣做。」

· 「做那麼乾淨幹嗎？反正沒兩下又髒了。」

· 「說說而已，別當真。」

· 「反正也不會成功。幾十年都這樣了。」

· 「高抬貴手嘛，給點面子啊。」

針對以上問題，5S推進必須扎扎實實做好每一步驟，在人員、資源、聲勢、體制方面有效組織。

5S是否可以同時推進呢？一般不要同時推進，除非是有一定規模和基礎的企業，否則都是從整理、整頓開始的。開始了整理、整頓後，可進行部份清掃。清掃到了一定程度，發展成設備的點檢保養維修，具備了大工業生產的條件，可以導入清潔的最高形式——標準化和制度化，形成全體員工嚴守標準的良好風氣後，素養也大功告成。一個有良好風氣、秩序的公司，才能形成優秀的企業文化。

圖8-2　推進5S的三個階段

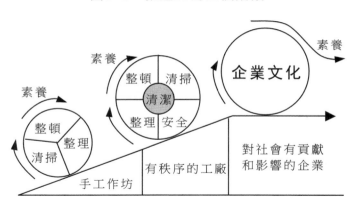

推進5S一般分三個階段，第一是秩序化階段，由公司制定標準，讓員工養成遵守標準的習慣，逐步讓公司超越手工作坊的水準。第二是活力化階段，通過推進各種改善活動及競賽，全員參與，使公司上下充滿生氣，活力十足，形成一種改善的氣氛。第三是透明化階段，即對各種管理手段措施公開化、透明化，形成公平競爭局面，讓每位員工通過努力可獲得自尊和成就感。

(1)秩序化階段(整理、整頓、清掃)

· 清理不要的物品及呆料、廢品

· 紅牌作戰

· 區域規劃

· 尋找時間減少：10秒找到工具

· 標識使用

· 大掃除：清掃地面、清潔灰塵污垢、打臘

· 設備管理(點檢、保養)

· 清掃用具管理(數量、放置方法、設計改造)

(2)透明化階段(清潔、安全)

· 上下班5分鐘5S

· 值日制：晨會值日制、清掃值日制等

· 區域責任制、巡視制度、設備管理制度等

· 看板管理

· 目視管理

· 資料庫、網路運用

(3)活性化階段(素養)

· 合理化建議

· 趣味競賽

· 博物館

· 報告會

· 發表

2. 5S 活動的推進八大要訣

對5S的推進方法做了歸納總結，得出了推進5S的八個要訣。經過多年的運行實施，八個要訣是一個系統可行的方法：

要訣 1——全員參與，其樂無窮

· 5S不是個別部門或某些幹部的工作，而是全員參與的工作！

· 科長、主任、班組長要密切配合、大力倡導；

· 小組活動可成為其中一環。

要訣 2——培養 5S 大環境

· 不要秘密行動，也不要加班來做，讓全員認同；

· 充分利用口號、標語、宣傳欄，讓每位員工理解明白；

· 每月舉行一次全員大會，廠長/總經理總結表態。

要訣 3——主管掛帥

· 最高主管抱著「我來做」的決心，親自出馬；

· 交代各部長、科長：「你們要大力推動！」

· 推進會議上集思廣益，踴躍發言。

要訣 4——徹底理解 5S 精神

·「為什麼給我掛紅牌了？」「這不挺好的，有改善的必要嗎？」
對於諸如此類的話，應一掃而光！

· 5S推進會議要說明精神要點，解答全員的疑問；

· 實施過程中，可讓大家參觀學習效果顯著的5S樣板場所，或互
相觀摩評價改善成果。

要訣 5——立竿見影的方法

· 整理的推進過程可採用紅牌作戰的方法，即對問題點亮紅牌。
亮紅牌的具體方法、判定基準要明確；

· 整頓可使用看板管理的方法，看板的用法、形式、內容及展示
方法要讓大家瞭解明白；

· 照片：照片是一種保持記錄的良好方法；

· 錄影：錄影是一種解決問題和說服觀眾的省力工具；

- 形象標誌：用一個黑色的「大腳印」來表示問題的所在之處和
  需要注意的地方,用一個鮮紅的「玫瑰花」來表示良好的成果;
- 量化：採用適當的方法將正在做的工作和已取得的進步,進行
  量化是很重要的;
- 博物館：作為最後一招,可以將一些舊工具、舊設備保存在一
  間特殊的博物館來展示過去與現在的明顯進步。

要訣 6——主管巡視現場

- 巡視過程中要指出那裏做得好,那裏做得不夠;
- 巡視完畢後要召開現場會議,將問題點指定專人跟進解決;
- 過問問題點的改進進度,擔當者要檢討改進方法,最終成果要
  向主管報告。

要訣 7——上下一心,徹底推進

- 雷厲風行,確立推進體制和方式;
- 上下齊心,全公司展開紅牌作戰、看板作戰方法。

要訣 8——以 5S 為改善的橋樑

- 通過推進5S,達到成本降低和品質提升;
- 通過現場改善,為擴大再生產創造條件;
- 從根本上解決問題,生產更流暢。

在實際推行過程中,不少企業發生過「一緊、二鬆、三垮台、四
重來」的現象,造成員工對5S的誤會和對企業主管的不信任,導致今
後對其他的經營管理活動也持懷疑態度。因此,開展5S活動,貴在堅
持。

六、5S 管理活動的九個步驟

步驟一：獲得高層承諾和做好準備

⑴動員大會

利用公開大會的形式，由最高主管向全體員工表達推行5S活動的決心，作為公司年度的重要經營活動。公司最高主管(董事長或總經理)，要將實施5S的目的、必要性明確地向員工宣示；統一全體員工的目標、想法、步驟。

⑵小型 5S 演習

為了讓大家留下深刻印象，可以進行一個小範例的現場5S演習(如：丟掉會場所有不必要物品；進行一次大掃除；五分鐘各自抽屜整理活動等)。

步驟二：成立 5S 推進委員會，選定活動場所

⑴建立5S推進委員會，設定5S推進辦公室，負責對內、對外之聯絡工作；推進辦要與公司管理體制相結合；

⑵選定一個固定場所作為5S推進活動的「司令部」，切不可任其成為「遊擊隊」，讓每位員工知道其重要地位，也明白公司準備打「持久戰」。

步驟三：5S 推進策劃

⑴籌劃5S推行事宜；制訂激勵措施；推行計劃先由推行小組擬定草案，並評估成效，再交相關人員檢討後確立，有關工作項目、時間、負責人員皆明確訂定，以便追蹤。

⑵尋找合適專家或顧問機構；為5S推進委員會推行工作提供專業的指導。

⑶策劃5S活動，根據企業實際情況，策劃相應的具體活動，起到激勵士氣、增強效果的作用。

步驟四：宣傳造勢、教育訓練

⑴主管以身作則

有一位廠長，是個和藹可親的長者，發現地上那怕只是一星點兒紙屑，他也會彎腰拾起；員工飯堂擁擠時，他從工作人員手裏接過飯勺親自給員工打飯；地上有水漬，怕員工摔跟頭，他拿起拖把馬上拖乾；員工的冷暖喜樂他總是第一個知道，那句親切的「辛苦了」從他嘴裏說出來時，不知感動了多少人！

主管的表率作用，無言勝有言，大家會心悅誠服去跟隨。

⑵活用各種宣傳方式、工具

一般在推動5S活動時，有以下工具可以應用：

· 利用公司內部刊物宣傳介紹5S；

· 舉辦5S徵文比賽及5S海報、標語設計比賽；

· 外購或製作5S海報及標語在現場張貼；

· 每年規定一個「5S月」或每月規定一個「5S日」，定期進行5S的加強及再教育；

· 到兄弟廠參觀或參加發表會，吸取他人經驗；

· 利用定點攝影方式，將5S較差的地方或死角讓大家知道，定期照相追蹤，直到改善為止；

· 5S檢查表，以檢核5S是否每項都做好；

· 配合其他管理活動推廣，如提案制度、QCC、TPM等；

· 主管定期或不定期巡視現場，讓員工感受被重視；

· 辦成果發表報告會，發表優秀事例，表揚先進單位和個人，提高榮譽感及參與度。

(3) 推進「5S 日」活動

確定某一日為「5S日」，選擇一個主題在「5S日」裏推行，效果會特別好。

- 第一個5S日——整理（如：個人在下班前五分鐘拋掉不需要的物品或回倉）；
- 第二個5S日——整頓（如：給每件物品命名並定好位置）；
- 第三個5S日——清掃（如：全體大掃除）；
- 第四個5S日——清潔（如：視覺管理和透明度管理）；
- 第五個5S日——素養（如：進行微笑問候活動）；
- 第六個5S日——安全（如：進行消防演習活動）。

(4) 由上而下，進行教育訓練

5S培訓首先要消除全員意識上的障礙，需注意：

- 5S活動強調的是要讓每個人自己做自己的事情,和確定自己的解決問題的方法；
- 在5S的活動中,訓練人員能夠制定並實施他們自己的方案是必要的；
- 在整個部門內或整個公司內的會議上,宣佈改善成績的活動也是屬於培訓的範疇；
- 擔任推行的人要自己在現場指導,例如：具體的清掃方法以實際的技術來指導,對指導對象先「做給他看」,然後「讓他做給你看」,而後以觀察的做法來指導,這樣做的話也可以確認員工對第一步理解的程度。

步驟五：局部推進 5S

(1) 現場診斷

推進5S之前,必須根據5S的基本要求對公司現場進行診斷評論。

通過現場診斷，可以比較客觀地掌握公司的整體水準：

- 公司所處的5S程度／水準；
- 強項；
- 薄弱環節；
- 5S推行難易度。

(2)選定樣板區

進行全面的現場診斷後，結合整個5S推進策劃，選定一個樣板區，集中力量改善。

俗話說：榜樣的力量是無窮的。先改善樣板區，取得一定成效後，再水平展開到其他區域，有兩方面好處：

第一，集中所有的精銳和力量，可以保證改善有一個較高的水準發揮，還可避免顧此失彼；第二，事實最具說服力，可以減少大家對改善的抗拒阻力，消除大家的疑慮，使全員上下一心，積極參與改善。

樣板選定時要考慮以下因素：

- 具備一定的代表性。選定的項目在公司應較典型突出，有一定代表性；
- 考慮實施難易度：太容易起不到一個促進鼓舞的作用；太難、做不到會讓大家失去信心，甚至成為一個笑柄；
- 影響較大、較長遠的項目優先考慮(如客戶相關項目、防止洩漏污染項目)；
- 有教育、促進意義。如推進需多個部門協力的項目(如修理有缺陷的機器，改變物流和工作場所佈置等)；
- 效果直觀，容易看到進步和成績。

(3)實施改善

在進行樣板的改善中，我們要注意保留以下資料情報：

· 改善狀況（攝影）；

· 基本資料（空間、面積、金額、數量、人數等）；

· 基本流程；

· 重點問題（攝影或記錄）；

· 整個改善推進思路及過程；

· 最終改善結果。

為下一步的效果確認提供詳實的第一手資料。

另外，應按照計劃進行全過程的樣板改善，當計劃與現實有較大出入時，推進組織應召集相關人員檢討磋商對應辦法，必要時修訂計劃。

⑷ 組織觀摩及效果確認

5S樣板區成功後，應該著手以下兩項工作：組織全員觀摩；檢討不足，繼續改善。

效果確認是一個總結檢查、評價反省過程，主要有以下四個方面的作用：

· 總結經驗，發揚成績，克服缺點和糾正偏差，以改進管理工作，使改善更順利高效進行；

· 通過對前期工作的分析和評價，辨明「功、過、是、非」，有利於統一認識，激發大家積極性；

· 處理好遺留問題，減輕不良效應；為後續工作掃清障礙；

· 為後續工作在組織、資源、經驗、方法上做足準備，保證有個良好開端。

步驟六：全面推進 5S

5S的內容具體到部門、工廠生產現場，應有詳盡可描述的內容，如整理、整頓的項目，清掃、清潔的部位和方式等等，只有每個員工

都清楚自己的5S活動具體內容,知道5W2H,即為什麼要做(Why),做什麼(What),在那裏做(Where),何時做(When),誰來做,分工如何(Who),以及怎麼做(How),做到什麼程度(How much),才能使這項工作落到實處。

以一個機械加工廠房的清掃工作為例,看清掃的規範化和責任化。

(1)每日清掃

- 清掃時間:每日下班前30分鐘;
- 清掃分工:操作者負責機床上下及班組管理區域的清掃;清潔工負責廠房主幹道、次幹道及現場加工廢屑的清除;
- 清掃內容如表8-2所示。

表8-2　每日清掃內容一覽表

內　項目 　容 人員	地面	機床	工具、夾具	搬送工具	鐵屑	要求
操作人員	清掃作業區域	按設備點檢保養標準執行	處理報廢刀具,定位放置使用過的工、夾、刀具	小車按規定放好	將工作區鐵屑清掃入箱	地面光亮,機器鋥亮,器具復原
清掃人員	清掃通道、公共區域		把清掃工具收回定位放好	運屑車輛定位放好	將鐵屑箱內的鐵屑清除乾淨	一塵不染,一屑不留,地面光亮
管理人員	保持廠房地面清潔		使用的工具定位放好			公共場所、隱蔽死角保持清潔

(2)每週清掃

- 清掃時間:週末下班前一小時;
- 清掃人員分工:與每日清掃同;

· 清掃內容及要求：如表8-3所示。

表8-3　一週清掃內容一覽表

內容 項目 人員	地面	機床	刀夾工具	工位工具	鐵屑	要求
操作人員	以清潔劑加水清潔作業地面	按設備點檢保養標準執行	做日清掃內容，擦洗工具架、材料擺放架、工具箱內部整理	擦洗小車、外部滑道、工具、夾具、腳踏板，並復位	徹底清除設備內、外部所有遺留鐵屑	地面光亮，機器鋥亮，器具復原，數量清點
清掃人員	清掃通道、公共區域	———	把清掃工具收回定位放好	運屑車輛定位放好	將鐵屑箱內鐵屑清除乾淨	將最難清潔和最髒之處清掃乾淨
管理人員	檢查現場將工作遺留物品清理	配合操作工進行深度清潔保養	使用的工具定位放好	———	———	檢查操作人員和清掃人員清掃、清潔的遺留點並隨手清潔

步驟七：制定評價標準

制定5S審核工作表來作為評估標準，以使得每一個人都能以一種友好而不太緊張的方式來競爭。

(1)評估監督

巡視，即指5S推進委員會在各工作場所巡察並指出有關的5S活動問題。

檢查，即自上而下的檢查，由廠主管檢查廠房，廠房主管檢查班組，班組長檢查個人和機台，層層檢查。檢查的注意要點為：

· 要有規範的檢查表格，並根據檢查的實況填寫；

· 檢查的結果應可以評價出總的成績分數；

· 評出的分數要和激勵手段結合，即輔之以獎金、物質鼓勵、工

資增長或榮譽授予等。

自檢，即把相應的評估表格發到個人手中，操作工人定時、不定時的依照評估表格中的內容自我檢查、填寫，通過自檢可以發現個人與5S工作的差距，及時加以改進。

互檢，即班組內部員工，依據評估表格相互檢查，然後填寫檢查結果，互檢的過程既可以發現被檢查者的不足，又可以發現被檢查者的優點和本人工作的差距，以便學習和改進。

5S活動，主要體現在一個「自主」和「自覺」上。檢查評估應該逐漸由上級向下級檢查，過渡到互檢和自檢階段，由應付檢查的心態，轉變成競賽、評比的熱情。

(2)舉行 5S 評比／競賽

評比活動是激勵機制的一種。制訂具體及合理的評價基準，尤其當各部門之先天條件不一樣時，評價基準也應不同。

評比最好與薪資、考績結合，如此員工才會主動關心。

從心理上講，評比中的評判人員以基層推薦的人員組成為好。例如廠房一級的評比，可以由各廠房主任或輪流抽調部份廠房主任，組成評委會，檢查評選各個廠房的5S工作；綜合這些評委的判斷結果，得出各廠房的排列名次。依此類推，班組長組成的評委，可以評選廠房各班組，排出各班組的名次。

評比等級可以多種多樣，如有的企業分成四個等級，分別以綠色、藍色、黃色和紅色標記公佈。綠色表示良好，藍色表示中等，黃色表示要注意(黃牌警告)，紅色表示差(停工整頓)。也有的企業採取優、良、中、差、劣五級分別評比，並將評比結果與獎金額度掛鈎。

評比與檢查後，還應針對艷活動中的問題，由被檢查者根據評估的意見，提出改進措施和計劃，使5S的水準不斷進步和提高。

⑶堅持視覺化和激勵化的 5S 推進

在5S活動的組織推進中，基本上要體現一個激勵機制的運用，而這種激勵化的推進，又可以通過視覺化的輔助，得到加強。5S活動的視覺化工作體現在5S活動的各個階段，各個方面，甚至可以延伸擴大到整個5S活動之中。

①通過改善前後對比來激發員工的成就感。

在5S活動開展之前，可以通過現場拍照、錄影等方式，把工作現場實況拍錄下來。5S活動之後，再對改善後的現場拍照、錄影，把前後的照片、錄影展示出來，對參加改善工作員工的工作肯定，激發了員工的成就感和自豪。

5S的改善活動，涉及生產加工設備現場、計量器具現場、工裝現場、儀器儀錶現場、原材料輔料現場等處，活動的目標是：

· 創建有規律有秩序的現場；

· 創建清潔明快的現場；

· 創建視覺化、透明化的現場；

②通過評比結果的彩色圖示激勵和鞭策。

步驟八：5S 效果的維持管理

誠如「得天下易，守江山難」的道理一樣，在5S推進期間，全員一般都能同心協力去自覺遵守和改善，不敢鬆懈；取得一定成效後，往往會覺得可以歇息喘口氣了。而正是這種想法，容易讓5S效果滑坡，慢慢又回到改善前的老樣子。

幾個月改變不了一個人，幾年才能轉變人員的意識，十年左右才能塑造一個人，所以，5S貴在堅持。要很好地堅持 5S 的話，必須將5S 標準化和制度化，讓它成為員工工作中的一部份。

表8-4　5S工作進度表

序號	改進項目	部門班組	負責人	責任人											
				一	二	三	四	五	六	一	二	三	四	五	六
				3	4	5	6	7	8	9	10	11	12	13	14
1	超聲波儀器清掃	一班	×××	■	■										
2	色譜濃度計標識	二班	×××		■	■	■	■	■						
3	自動切屑排出裝置	四班	×××		■	■	■	■	■	■	■	■			
4	力距電批定位化	三班	×××					■	■	■					
5	場地重新定置畫線	五班	×××								■	■	■	■	■

步驟九：挑戰新目標

「沒有最好，只有更好！」社會每天在發展進步，5S的目標也應隨著公司整體水準的提高而逐步提高。

當公司取得某一階段性成果後，應及時總結表彰，並在原來成績的基礎上，設定新的奮鬥目標，進一步激發公司上下的鬥志和熱情。必要時，可考慮導入ISO、TQM、TPM等活動，形成新的關注焦點。

表8-5　　2005年4月5S評分結果表

評分單位	紅燈	黃燈	綠燈	評分	加權得分	排名	上月排名	成績升降
機加廠房			☆	89.25	96.50	4	4	
表面處理車			☆	88.90	97.42	2	1	↓
配件廠房			☆	95.60	98.15	1	3	↑
插板廠房		☆		84.55	82.65	7	5	↓
物流部		☆	☆	82.35	83.57	6	8	↑
品保部			☆	92.75	91.26	5	2	↓
注塑廠房				88.85	93.48	3	7	↑
技術部	☆			68.95	71.25	8	6	↓

七、5S 的教育培訓

　　5S推進組織並不是一個僅知道八個小時忙忙碌碌，自己主管自己作業的組織。作為推進組織，首要任務是把全體成員培養教育好，主管全員同心協力，共同推動5S活動。其次，作為消除浪費和推行持續改善活動的組織，如何把活動維持在一個較為理想的水準，教育培訓也是一個關鍵的因素。我們評價這個組織是否成功，不是看他做了多少事，而是看大家做得怎麼樣。

　　教育訓練是 5S 活動成敗的關鍵，特別是各推行委員，身為本部門的主管，一定要做到表率作用，做好本部門的老師，達成全員一致的認識，尤其是 5S 活動中會有一些反彈聲音，如：「5S 重要，還是生產重要？」、「5S 是改善浪費的活動，但做它本身就是浪費。」等等，此時，部門主管必須做好教導工作，使 5S 活動有一個好的開始，為保證培訓的效果，最好是能制訂一本 5S 推行手冊，並且人手一份，讓全員確切瞭解 5S 的定義、目的、推行要領、實施方法、評審方法

等。

1. 5S 的教育培訓

教育培訓有四步，分別是制定培訓計劃(Plan)、教育培訓(Do)、考核檢查(Check)、總結經驗(Action)四個步驟。

(1)制定培訓計劃(P)

· 可依據實際情況編制年度計劃、季度、月度或臨時項目計劃；

· 根據管理人員、作業員、新員工等的不同情況「量身訂做」；

· 教材教具齊備；

· 有合適的學習環境。

(2)教育培訓(D)

· 參與啟發互動，讓成員保持濃厚興趣；

· 插入遊戲、辯論、競賽項目，提高培訓效果。

其培訓的內容主要包括以下幾個方面：

· 活動的概要及目的；

· 5S的實施方法；

· 5S的評比方法；

· 改善手法介紹等。

要讓員工瞭解5S活動能給公司及自己帶來什麼好處，從而主動積極去做，而無需用命令去強迫其執行。教育的形式要生動、活潑、因人而異，必要時配合錄影、案例、類比演習、配發學習手冊等方法進行。

(3)考核檢查(C)

· 有培訓就有考核，提高學員的重視程度；

· 獎優罰劣，向優秀成員頒發證書，通報表揚；不及格者補考至及格為止。

(4)總結經驗（A）

· 培訓過程中及時完善教材，優化教學方式；

· 及時做好總結，為下一次培訓做好準備。

按照以上這四個步驟，可配合標語、新聞、報刊、競賽等宣傳攻勢，必要時聘請外部的顧問講師來授課。

2. 培訓員工

對一般員工實施 5S 培訓，主要目的就是讓員工正確認識 5S，培訓的內容主要包括以下 5 個方面：

· 5S 的內涵；

· 推行 5S 活動的意義；

· 企業對推行 5S 活動的態度；

· 5S 活動目標和活動計劃；

· 有關的評比和獎勵措施等。

八、5S 的宣傳活動

在培訓工作經過一定時間後，5S 幹事要組織各項廣宣活動，進行宣導造勢，在全廠範圍內張貼標語、掛幅，如：

· 人人做整理，空間會變大；

· 整頓做得好，效率節節升；

· 時時做清掃，品質一定好；

· 你清潔，我清潔，工作流程更簡潔；

· 常保素養心，天天好愉快。

設立 5S 專題黑板報，以漫畫、圖片形式介紹 5S 知識，組織 5S 活動演講比賽，及諸如「我對 5S 的理解」,「5S 使我們更愉快」的徵

文活動。從其中選出優秀文章,在 5S 專欄中予以公佈並給予一定的
獎勵。塑造踴躍參與 5S 的氣氛。

宣傳可以起到潛移默化的作用,旨在從根本上提升員工的 5S 意
識,通過教育宣傳,使 5S 理念深入人心。

5S 的前期宣傳工作主要有以下幾種形式:

1. 企業簡報

企業簡報是企業與員工互相溝通的載體,通過發行簡報,可以把
5S 活動的有關資訊傳遞給全體員工,使他們及時瞭解活動的重要性
和目的性。讓每一位員工在知情的基礎上熱愛企業,為企業獻計獻
策。同時,可開展 5S 徵文活動,對優秀文章在企業簡報上發表,引
導他們對活動重要性的認識,這對日後活動的正式實施非常重要。

2. 宣傳欄

企業宣傳欄是企業文化建設的一個視窗,開展 5S 活動,也是企
業文化建設的一個重要組成部份。利用這一視窗,把企業推行 5S 的
宗旨、理念介紹給每一位員工。以營造一個良好的活動氣氛,使活動
更容易獲得全公司的理解和支持。

3. 活動標語製作

企業可自製或外購一些 5S 宣傳畫、標語等張貼在工作現場,這
樣做不僅能為工作環境增強活力,而且能讓員工對 5S 概念耳濡目
染,起到潛移默化的作用。除此之外,企業還可以透過在企業內開展
有獎徵集口號活動,促進員工對 5S 活動的參與。以下為企業開展 5S
活動時常用的一些標語、宣傳語,供讀者參考。

5S 活動標語集錦

1. 管理要精細，管理要精確，管理要精益。

2. 無不安全的設備，無不安全的操作，無不安全的現場。

3. 現場就是 5S 活動的戰場。

4. 目視管理是 5S 活動的基礎。

5. 物流控制是 5S 活動的主線。

6. 責任交接是 5S 活動的關鍵。

7. 管理是修己安人的歷程：起點是修己，做好自律工作；重點是安人，強調人性化管理。

8. 修正你的思想，因為它會改變你的行為。

9. 注意你的行為，因為它會改變你的習慣。

10. 養成你的習慣，因為它會改變你的性格。

11. 培養你的性格，因為它會改變你的命運。

12. 把握你的命運，因為它會改變你的人生。

13. 一切從我做起。

14. 只有目標而沒有行動，那是在做夢；只有行動而沒有目標，那是在浪費時間；只有目標加上行動，才能夠改變世界。

15. 人之初，性本懶，要他做，制度管。

16. 人之初，性本勤，激勵他，土成全。

17. 人之初，性本善，你和我，一起幹。

18. 制度是培養優秀員工的基石，標準是造就偉大企業的磚瓦，5S 是落實制度和標準的工具。

19. 以人為本，關愛生命。

20. 想一想研究改善措施，試一試堅持不懈努力。

21. 整理、整頓天天做，清掃、清潔時時行。

22. 整理、整頓做得好，清潔、打掃沒煩惱。

23. 積極投入齊參加，自然遠離髒亂差。

24. 創造舒適工作場所，不斷提高工作效率。

25. 講究科學，講求人性化，這就是整頓的方向。

26. 生命只有一次，安全伴君一生。

27. 為了生活好，安全活到老。

28. 生產再忙，安全不忘，人命關天，安全在先。

29. 多看一眼，安全保險多防一步，少出事故。

30. 安全來自長期警惕，事故源於瞬間麻痺。

31. 爭取一個客戶不容易，失去一個客戶很容易。

32. 成功者找方法，失敗者找藉口。

33. 會而善議，議而當決，決而必行。

34. 鄙視一切亂丟東西的行為。

4. 利用內部刊物

一些較大的企業通常都有內部刊物，可利用它來對 5S 活動進行宣傳。例如，經常發表強調 5S 的講話，介紹 5S 知識，介紹 5S 活動的進展情況和優秀成果以及 5S 活動的實施規範，推薦好的實踐經驗等。內部刊物的影響較大，如果能夠利用得當，則會對 5S 活動能起到很好的推動作用。

5. 徵集 5S 活動口號標語

自製或外購一些 5S 標語等，張貼在工作現場，這樣做不僅能使工作環境增強活力，而且能讓員工對 5S 概念耳濡目染，起到潛移默化的作用。除此之外，還可以透過在企業內開展有獎徵集口號活動，促進員工對活動的參與。

在工廠內外適當的場所掛上一些員工喜愛的標語或橫幅，以營造良好的氣氛和提高員工參與的積極性。

6. 製作宣傳壁報

企業和各部門還可以透過製作 5S 壁報來宣傳 5S 知識，例如，展示 5S 成果，發表 5S 徵文，提示存在的問題等。壁報的內容可以做得豐富多彩，因為它是一種很有效的宣傳工具。

壁報是提高員工的認識、增進員工對活動理解的有效工具。壁報的主要目的是為了營造濃厚的 5S 活動氣氛，使活動更容易獲得全公司的理解和支援，提高客戶的信賴度。

7. 製作推行手冊

為了使全體員工瞭解和執行 5S 活動，企業最好能制定推行手冊，使員工人手一冊，透過研講學習，使員工確切掌握 5S 的定義、目的、推行要領、實施辦法、評鑑辦法等。

8. 外出觀摩參觀

對即將實施 5S 的企業來講，可以到 5S 績效好的企業去參觀學習，通過觀摩 5S 成果發佈會，感受推行 5S 活動所帶來的效果，從而堅定實施 5S 活動的決心和信心。

9. 教育培訓

5S 教育培訓是實施 5S 活動必不可少的重要環節，通過 5S 教育培訓，使員工充分認識 5S 活動能給自己的工作帶來好處，從而主動去做。5S 提倡的是自主管理，許多企業熱衷於口號、標語，似乎相信在廠區多樹立一些諸如「員工十大守則」，就能改變一個人，提升人的品質，從而忽略了員工的教育培訓。這種沒有結合日常工作的空洞口號，對提升人的品質幾乎沒有任何幫助。

國外的一些知名企業，他們把 5S 看作現場管理必須具備的基礎

管理技術。5S 明確具體做法，什麼物品放在那裏、如何放置、數量
多少、如何標識等等，簡單有效，且融入到日常工作中。這種「從小
事做起，有規定按規定去做」的工作作風，就是不斷強化對員工教育
培訓的結果。

10. 5S 教育培訓的計劃擬定

5S 培訓始終貫穿於活動之中，表 8-6 為某公司的半年培訓計劃
安排。

表 8-6　5S 培訓計劃

序號	項目	進度					
		5 月	6 月	7 月	8 月	9 月	10 月
1	5S 起源、目的、作用其推行意義	☆					
2	推行 5S 管理案列	☆					
3	整理、整頓推行重點及案例		☆				
4	整理、整頓現場指導		☆				
5	清掃、清潔、素養推行重點及案例			☆			
6	清掃、清潔、素養現場指導			☆			
7	檢查表的編制方法及其操作				☆		
8	經牌作戰及其現場操作				☆		
9	目視管理、看板管理應用技巧					☆	
10	提案改善方法					☆	
11	成果發佈會						☆
12	持續改進，PDCA 循環，考試						☆

11. 樣板區的 5S 活動

為了不斷地提升員工的 5S 意識水準，選擇一個樣板區，集中力
量對這個區域進行改善，使之達到一個較理想的水準，讓員工從樣板
區中所取得的改善成果中認識到推行 5S 活動的意義，以及自己的工

作場所之間存在的差距。

12.樣板區觀摩

樣板區整改完成後，由企業最高負責人帶頭，組織全廠幹部、員工代表、積極分子等人員進行觀摩，觀摩的目的有三個：

⑴明確企業的態度和決心，打消部份人的疑慮和觀望態度；

⑵作為企業如何推行5S的一次現場學習會，幹部在樣板區學習借鑑一些好方法，再到自己負責的區域推行；

⑶對樣板區進行正確的評價，肯定成績，提出不足，繼續改善，使其真正成為企業的榜樣示範。

組織樣板區觀摩的注意事項：

⑴人數適量，7～40人為宜；

⑵高層主管要參與，必要時擔當領隊等職位；

⑶規劃好參觀路線，確定負責解說的員工（通常是改善者），做好解說準備；

⑷準備需要介紹的事例，必要時現場展示改善前後的圖片；

⑸高層主管對改善成果的肯定和認同。主管應該對改善成果表示關注和肯定，並在各種場合有所表達。

表 8-7 建立 5S 樣板區的主要步驟

	活動步驟	內容
1	確定樣板區	根據具體情況(現狀和負責人對活動的認識)確定樣板區
2	制定活動總計劃	制定一個 1～3 個月的短期活動計劃
3	樣板區人員培訓和動員	對主要推動人員進行培訓 對樣板區全員進行知識培訓
4	樣板區問題點的記錄與分類改善	記錄所有 5S 問題點(以照片等形式)分類改善(1)整理對象清單;(2)整頓對象清單;(3)清掃、修理、修復及油漆對象清單
5	決定 5S 活動的具體計劃	決定整理、整頓、清掃、修理、修復、油漆的具體計劃(時間、地點、人員、材料、工具等)
6	集中對策	根據日程計劃進行集中對策
7	進行 5S 活動成果的總結和展示	以照片等形式記錄改善後的狀況(定點攝影,將改善後的照片等進行整理對照 對活動進行總結和報告,把有典型意義的事例展示出來

表 8-8 項目改善一覽表

問題指南項	建議改善內容	希望完成日	責任人	完成狀況			
				P	D	C	A
				P	D	C	A
				P	D	C	A
				P	D	C	A
				P	D	C	A

註:(1)P-「已安排」、D-「開始實施」,C-「進行了檢查」、A-「達到檢查標準」,請按實際進度畫上「○」。

(2)本表由5S推行辦複印一份後交區域責任人實施,原稿存檔。

表 8-9　5S 培訓計劃

					確認	審查	作成
序號	內容	項　　目	目標值	對象	5月	6月	7月
1	5S 知識 培訓	1.　5S的起源和適用範圍 2.　5S定義 3.　5S的作用	考試合格 80%以上	全員	培訓 →	現場 操作 →	考核 →
2	5S 活動 步驟	1. 成立推進小組 2. 推進成員集中學習 3. 設定5S改進崗位 4. 推進成員現場診斷 5. 推進小組開展改進活動 6. 員工自身開展改進活動 7. 確認活動	100%理解 並能實施	管理 人員	→ → → → →	 → →	 →

13.現場巡視

5S離不開現場。在工作現場，每個人都有自己的工作任務，都非常忙碌，讓每個人都時刻自覺遵守5S有一定的難度。所以必須經常進行一些5S現場巡察評價，創造一個持續改善的良好的工作環境。

5S推進組織應定期(每週至少一次)巡察現場，把握現場狀況，跟進不符合事項的改善進度。

現場巡察要注意以下幾點：

‧ 態度嚴肅認真，重視；

‧ 抱著解決問題的心態，而非炫耀權力；

- 人員精簡，不要前呼後擁，虛張聲勢；
- 讓每個人找問題，提出自己的看法，不當「一言堂」堂主；
- 對好的地方要肯定表揚；不好的地方要毫不留情地指出；屢次指出卻沒改善的，要嚴厲批評並限期改正；
- 對基層提出的意見、建議、請求要一一記錄，迅速解決問題，並及時反饋；
- 對問題點發出《5S問題改善通知書》，並跟蹤改善。

表 8-10 現場巡視改善通知書

日期：_____ 區域：_____　　　　　相關部門/人員：_____
類型：□初發　□再發　　　　　　　級別：□嚴重　□一般

問題點與現象描述：	承認	作成

改善期限：_____　　　擔當：_____

表 8-11　現場巡察重點

項目	判 定 重 點
整 理	1. 工作台上的消耗品、工具、治具、計測器等無用或暫時無用的物品須拿走。
	2. 生產線上不應放置多餘物品及無掉落的零件。
	3. 地面不能直接放置成品、零件以及掉有零件。
	4. 不良品應放置在不良品區內。
	5. 作業區應標明並區分開。
	6. 工作區內物品放置應有整體感。
	7. 不同類型、用途的物品應分開管理。
	8. 私人物品不應在工作區內出現。
	9. 電源線應管理好，不應雜亂無章或拋落在地上。
	10. 標誌膠帶的顏色要明確（綠色為固定，黃色為移動，紅色為不良）。
	11. 卡板、塑膠箱應按平行、垂直的方式放置。
	12. 沒有使用的治工具、刃物應放置在工具架上。
	13. 治具架上長期不使用的模具、治工具、刃物和經常使用的物品應區分開。
	14. 測量工具的放置處應無其他物品放置。
	15. 裝配機械的設備上不能放置多餘物品。
	16. 作業工具放置的方法是否易放置。
	17. 作業崗位不能放置不必要的工具。
	18. 治具架上不能放置治具以外的雜物。
	19. 零件架、工作台、清潔櫃、垃圾桶應在指定標誌場所按水平直角放置。
	20. 消耗品、工具、計測器應在指定標誌場所按水平直角放置。
	21. 台車、棚車、推車、鏟車應在指定場所按水平直角放置。
整 頓	22. 零件、零件箱應在指定標誌場所按水平直角整齊放置。
	23. 成品、成品箱應在指定標誌場所整齊放置。
	24. 零件應與編碼相對應，編碼不能被遮住。
	25. 空箱不能亂放，須整齊美觀且要及時回收。
	26. 底板類物品應在指定標誌場所按水平直角放置。
	27. 落線機、樣本、檢查設備應在指定標誌場所水平直角放置。
	28. 文件的存放應按不同內容分開存放並詳細註明。
	29. 標誌用膠帶應無破損、無起皺呈水平直角狀態。

項目	判　定　重　點
整 頓	30.標誌牌、指示書、工程標誌應在指定標誌場所水平直角放置。
	31.宣傳板、公佈欄內容常更換，並標明責任部門及擔當者姓名。
	32.休息區的椅子，休息完後應重新整頓。
	33.清潔用具用完後應放入清潔櫃或指定場所。
	34.通道上不能放置物品。
	35.不允許放置物品的地方(通道除外)要有標識。
	36.各種櫃、架的放置處要有明確標識。
	37.半成品的放置處應明確標識。
	38.成品、零件不能在地面直接放置。
	39.不良品放置區應有明確規定。
	40.不良品放置場地應有紅色等顏色予以區分。
	41.不良品放置場地應設置在明顯的地方。
	42.修理品應放置在生產線外。
	43.零件放置場所的標識表示應完備。
	44.塑膠箱、捆包材料上應標明品名。
	45.作業工具的放置位置要不走路或不彎腰就能放置。
	46.工具放置位置要便於作業工具的拿取。
	47.作業工具放置處應有餘量。
	48.治具、工具架上應有編碼管理及有品目表示。
	49.在架子前應能清楚辨明上面的編碼。
	50.治具、工具架應導入用不同顏色標識區分。
	51.治具是否按使用頻率放置，使用頻率越高的放置越近。
	52.治工具應按成品類別成套放置。
	53.成品的放置應該按機種型號區分開。
	54.成品放置場地的通路和放置場所應畫線表示區分。
	55.成品上應有編碼(番號)、數量的表示。
	56.包裝材料和成品的堆放高度應作出規定。
	57.治具架應採取容易取出的放置方法。
	58.不使用未被認定及不良測量工具(如精密度不夠)。

項目	判　定　重　點
清 掃	59.測定具應採取防塵、防銹的放置方法。
	60.私用杯子應按規定放置於杯架上。
	61.測定具在託盤下面應使用橡膠之類的緩衝材。
	62.地面應保持無灰塵、無碎屑、紙屑等雜物。
	63.牆角、底板、設備下應為重點清掃區域。
	64.地面上浸染的油污應清洗。
	65.工作台、文件櫃、治具、櫃架、貨架、門窗等應保持無灰塵、無油污。
	66.設備、配件箱應保持無灰塵、無油污。
	67.地面應定時清洗，保持無灰塵、無油污。
	68.工作鞋、工作服應整齊乾淨，不亂寫亂畫。
	69.裝配機械本體不能有鏽和油漆的剝落，蓋子應無脫落。
	70.清潔櫃、清潔用具應保持乾淨。
清 潔	71.不做與工作無關的事。
	72.嚴格遵守和執行公司各項規章制度。
	73.按時上下班，按時打卡，不早退，不遲到，不曠工。
	74.積極認真地按時參加早會、晚會。
	75.按規定和要求紮頭髮。
素 養	76.按規定穿工鞋、工作服、佩帶領帶、廠證，不穿牛仔褲。
	77.吸煙應到規定場所，不得在作業區吸煙。
	78.工作前、用膳前應洗手，打卡、吃飯應自覺排隊，不插隊。
	79.按要求將手套戴好。
	80.對上司應保持基本禮儀。
	81.不隨地吐痰，不隨便亂拋垃圾，看見垃圾立即拾起放好。
	82.上班時間不準進食，如早餐、零食等物。
	83.應注意良好的個人衛生。
安 全	84.對危險品應有明顯的標識。
	85.各安全出口的前面不能有物品堆積。
	86.滅火器應在指定位置放置及處於可使用狀態。
	87.消火栓的前面或下面不能有物品放置。
	88.易燃品的持有量應在允許範圍以內。

安 全	89.所有消防設施設備應處於正常運作狀態。
	90.有無物品伸入或佔用通道。
	91.冷氣機、電梯等大型設施設備的開關及使用應指定專人負責或制訂相關規定。
	92.電源、線路、開關、插座有否異常現象出現。
	93.嚴禁違章操作。
	94.對易傾倒物品應採取防倒措施。
	95.有否火種遺留。
辦 公 區	96.桌面文具文件擺放是否整齊有序。
	97.物品是否都是必需品。
	98.垃圾是否及時傾倒。
	99.辦公桌、電腦及其他辦公設施是否乾淨無塵。
	100.人員儀容端正，精神飽滿，都在認真工作。

九、示範區的 5S 活動

在一些規模較大的企業，或者內部員工對 5S 認識比較薄弱的企業，我們可以通過 5S 示範區的方法來逐步推行 5S。企業選取硬體差、問題多且有代表性的部門試驗推行 5S，以此作為實施 5S 活動的樣板區域。這樣，就可以讓其他部門的員工參觀 5S 示範區，從而將 5S 活動推廣到企業的各個部門。

對於規模較大、組織複雜的企業，5S 示範區的作用是非常明顯和有效的。示範區的建立可以統一員工對 5S 活動的認識，更好地發揮領導的作用；可以鼓勵先進，鞭策後進；另外，5S 示範區還可以改變員工遲疑和觀望的態度，增強他們的信心，從而激發員工參與 5S 活動的熱情。

表 8-12　辦公室巡察判定依據

區域	判　定　重　點
辦公室台面	1. 文件、資料是否參差不齊、歪斜、凌亂
	2. 辦公台上是否只放置每日最低限度內的用品
辦公桌下	3. 除垃圾桶外是否堆放有其他物品或沒標識
	4. 個人用的垃圾桶是否露出台外，未傾倒或是否沒規劃區域
	5. 地面是否有垃圾及碎粒
辦公椅	6. 椅套是否有汙跡、黑垢
	7. 人離開辦公台，辦公椅是否沒推至台下或未呈水平放置
	8. 辦公椅、辦公台是否有汙跡、灰塵
文件櫃	9. 櫃面是否有汙跡、灰塵
	10. 櫃外是否不按要求標識
	11. 同一部門的文件夾外是否不統一
	12. 文件夾內是否沒有台賬或不能按台賬準確取出
人員	13. 是否有拖(脫)工鞋的現象或工鞋有黑垢
	14. 是否有不打領帶或穿休閒服的現象
	15. 是否沒扣扣子或有扣子脫落,衣領上是否有黑垢
	16. 是否有在辦公區(室)吸煙的現象
電腦	17. 是否有灰塵或汙跡
	18. 電腦線是否沒束起或很凌亂
電話	19. 電話線是否有灰塵或凌亂
其他	

　　建立 5S 示範區的主要步驟包括：指定示範區、制定活動總計劃、示範區人員培訓與動員、記錄並分類整理示範區問題點、決定 5S 活動的具體計劃、集中對策、進行 5S 活動成果的總結與展示。每個步驟都有其特定的工作內容，具體如表 8-13 所示。

表 8-13　建立 5S 示範區的主要內容

	步驟活動	內容
1	指定示範區	・ 根據具體情況(現狀和負責人對活動的認識)指定示範區
2	制定活動總計劃	・ 制定一個1至3個月的短期活動計劃
3	示範區人員培訓和動員	・ 對主要推動人員進行培訓 ・ 對示範區全員進行活動動員和相關知識培訓
4	示範區問題點的記錄與分類整理	・ 紀錄所有5S問題點(以照片等形式) ・ 分類整理：(1)整理對象清單；(2)整頓對象清單；(3)清掃、修理、修復及油漆對象清單
5	決定5S活動的具體計劃	・ 決定整理、整頓、清掃、修理、修復、油漆的具體計劃(時間、地點、人員、材料、工具等)
6	集中對策	・ 根據日程計劃進行集中對策
7	進行5S活動成果的總結和展示	・ 以照片等形式記錄改善後的狀況(定點拍照)，將改善前後的照片等進行整理對照； ・ 對活動進行總結和報告，把有典型意義的事例展示出來

　　值得注意的是，5S 示範區的活動必須是快速而有效的。因此，應該在短期內突擊進行整理，痛下決心對無用物品進行處理，進行快速的整頓和徹底的清掃。另外，5S 示範區的活動成果應該用報告、組織展覽和參觀的方式向全體人員進行展示，從而獲得高層領導的肯定和關注，贏得全體員工的支持。

表 8-14　實施 5S 的步驟

NO.	實施步驟	執行事項	責任者
1	計劃	1. 資料收集與他廠觀摩 2. 引進外部顧問協助 3. 行動目標規劃 4. 訓練與宣導活動設計 5. 方案與推動日程設計 6. 責任區域劃分 7. 整理整頓實施規劃 8. 5S週邊設施(如看板)之設計	管理部或者5S活動幹事
2	組織	1. 推動委員會的成立 2. 權責劃分 3. 部門主管全身心投入 4. 執行評述作業 5. 行動庶務支援 6. 協助改善工作	經營者
3	宣傳	1. 教育訓練 2. 標語、徵文比賽 3. 參觀工廠 4. 海報、推行手冊的製作 5. 照片展 6. 經營者下定決心	5S活動幹事
4	整理作戰	1. 找出不要的東西 2. 紅牌作戰、大掃除 3. 廢棄物登記、分類、整理 4. 成果統計	各部門主管
5	整頓作戰	1. 定位 2. 標示 3. 畫線 4. 建立全面目視管理	各部門主管

續表

6	推動方法試行	1. 全員說明會、經營者公佈 2. 公告試行，要求嚴守	5S活動 主任委員
7	修正的方法	1. 問題搜集與記錄 2. 每週開會檢討，修正條文	5S活動幹事
8	推動方法正式實施	1. 全員集合宣佈 2. 部門集合宣佈	5S活動幹事
9	考核評分	1. 日評核 2. 月評價 3. 糾正、申訴、統計、評價	各評審委員
10	上級巡廻診斷	1. 最高主管或顧問親自巡查（每月、每季） 2. 巡查診斷結果記錄與說明	經營者顧問
11	檢討與獎勵	1. 定期檢討、記錄對策（定期檢查） 2. 全員集合宣佈成績 3. 錦旗與黑旗之運用 4. 精神與實物之獎懲	5S活動幹事
12	推動後續方案	1. 人員5S活動——紀律作戰 2. 設備5S活動——TPM（全面品質管制）作戰	5S活動主任委員幹事

心得欄 _____

_____

_____

_____

_____

_____

十、如何獲得各階層的支持

1. 瞭解 5S 管理常見困難的形成因素

表 8-15　企業實施 5S 管理失敗的原因

表像原因	深層原因	真正關鍵問題
· 主管不重視；中層幹勁十足，不清楚這項工作會給自己帶來什麼樣的便利和實際效果；	· 主管心裏很重視，但不知道要給予什麼支持才能成功； · 督導師沒有很好地策劃，甚至沒有計劃。沒有進行系統統籌； · 沒有目標。到底要達到什麼樣的水準，什麼程度就算初步成功；	· 督導師沒有受過系統的 5S 管理培訓和實踐； · 督導師沒有實際的經驗和能力去應付現場變化多端的問題； · 督導師不具備精益生產、TPM 管理的知識；
· 基層不配合，因為他們不知道自己要怎麼做，現在有那裏不對，為什麼要那樣做，對自己的工作有什麼實際上的影響； · 旺季不做，淡季做。	· 沒有時限。無限期地做，而不是說 5 個月、6 個月或 1 年要通過驗收。沒有時限就會漫無目的地做，大家會覺得可做可不做； · 沒有方法。全員在實施過程中沒有方法可以指導其有步驟地做； · 沒有步驟。一窩蜂大家做吧。然後就被卡在中間，都不知道怎麼解決； · 評比競賽不公平，優秀者得不到表揚，較差者卻得到表揚，只因為那個區域是××主管負責的。	· 督導師不具備品質改善能力； · 督導師對 ISO 系列工作不瞭解； · 督導師對自己的產品技術不瞭解； · 督導師缺乏人員管理和溝通技巧。 · 督導師缺乏正直、公平的職業操守。

2. 設法獲得各階層支持的基本方法

　　一個督導師也好，一個督導團隊也好，時間和能力都是有限的，如果把有限的資源最優化地發揮，個人或團隊的力量就是無究的。

所以，督導師要善於利用資源。而企業最大的資源就是人，各個階層的人。只要獲得了他們的支持，你的工作就能順利開展，而且有聲有色。要得到公司各階層的支持，道德要建立全面的服務意識，提升自我能力以及認真推動 PDCA 循環圈。

(1) 建立全面服務意識

有很多督導師一旦被總經理任命，就認為自己是一人之下萬人之上，頗有古代欽差大臣的味道，目中無人，甚至越級直接指示其他部門的班組長，認為自己應該有權力調動他們，所以不用通過部門經理，不用跟生產總經理請示。導致其主管層強烈的反感情緒，其結果也就可想而知了。因此，首先要定位的角色是服務者，我是來給大家提供服務的，任何層別的人，都應該得到服務和尊重。因為你需要不同階層的人給你不同的支持。他們提出的問題，都應該先傾聽，再解答。

服務的三種境界：

①最高境界：他沒有想到的我也做到了（期待產生）。

當大家沒有要求的事情，你事先幫大家準備週到，這樣就容易給大家一種信任感，逐漸使對方一有什麼難題都會第一個想到你。

②較高境界：他想到的我做到了（滿足了慾望）。

就是要我們用自己的眼睛去觀察，身體力行去體察大家目前所面臨的困難，然後幫助他們走出困境。

③及格境界：他說了我做到了（滿足了要求）。

首先要說明，滿足要求的前提都是合理的要求（你首先要會辨別要求是否合理）。例如，某個部門要求你給他指導現場，要求你給員工培訓，你按照時間和培訓要求完成了。

圖 8-3　服務的三種境界

期待產生　　最高境界

滿足了慾望　　較高境界

滿足了要求　　及格境界

(2)提升自我能力

根據上面的要因，尋找自己目前需要瞭解和掌握的知識或技能，多看相關的書籍，多與瞭解相關知識的人聊相關話題，多去參加相關培訓，你就可以用簡單的原理去應付複雜的問題。

有些人認為 5S 原理實在是太簡單了，還要學嗎？越簡單的東西也許你不曉得怎麼運用，所以不要忽視簡單的原理知識，它往往就是改變你人生的東西。輕視任何東西都會得不到它的靈魂。

(3)推動 PDCA 循環輪

要想有步驟地完成，我們必須推動 PDCA 循環輪，做好詳細的策劃工作。讓我們重溫 PDCA 圈的主要內容：

PDCA 循環的概念是由戴明博士最早提出的，所以又稱其為「戴明環」。PDCA 循環是能使任何一項活動都有效進行的一種合乎邏輯的工作狀態，在企業的品質管制中已得到十分廣泛的應用。

在 PDCA 循環中，「計劃(P)─執行(D)─檢查(C)─處理(A)」的管理循環是現場品質保證體系運行的基本方式，它反映了不斷提高品質所應遵循的科學和順序。PDCA 循環包括了四個階段和八個步驟。

圖 8-4 PDCA 循環

① P—計劃(Plan)

在開始進行持續改善時，首先要進行的工作是策劃。策劃包括制定品質目標、活動計劃、管理項目和措施方案。策劃階段需要檢討企業目前的工作效率、追蹤流程，目前的運行效果和收集過程中出現的問題；根據收集到的資料，進行分析並制定初步方案，提交公司的高層主管批准。

策劃階段包括以下四項工作內容：

分析現狀：通過對現狀的分析，找出目前存在的主要品質問題，盡可能地用數字來說明。

尋找原因：在所收集的數據基礎上，認真分析產生品質問題的各種原因或影響因素。

提取主因：從各種原因中找出影響品質的最主要的原因。

制定計劃：針對影響品質的主要原因，由技術組織制定措施方案，並落實到具體的執行者。

② D—實施(Do)

實施階段，就是將制定的計劃和措施具體組織執行和實施。將制定的初步解決方案提交給公司高層主管進行討論，得到高層主管的批准後，由公司提供必要的資金和資源來支援計劃的實施。

在實施階段還需要注意的是，不能全面展開初步的解決方案，而

應只在局部的生產線上進行試驗。這樣，即使設計方案存在著較大的問題，損失也可以降低到最低限度。通過類似白鼠試驗的形式，檢驗解決方案是否真正切實可行。

③ C一檢查(Check)

第三階段是檢查，就是將執行的結果與預定目標進行對比，檢查計劃的執行情況，看是否達到了預期的效果。按照檢查的結果，來驗證生產線的運作是否是按照原來的標準進行，或原來的標準規範是否合理等。生產線按照標準規範運作後，分析檢查所得到的結果，驗證標準化本身是否也存在偏移。如果發生偏移現象，那麼就要重新策劃、重新執行。這樣，通過暫時性生產對策的實施，檢驗方案的有效性，進而保留有效的部份。

④ A一處理(Action)

第四階段是處理，將檢查的結果進行總結，成功的經驗加以肯定，並予以標準化，或制定作業指導書，便於以後工作時可以遵循；對於失敗的教訓也要及時總結，以免以後再度出現；而對於沒有解決的問題，應提到下一個 PDCA 循環中去解決。

處理階段包括兩方面的內容：

①總結經驗及進行標準化

總結經驗教訓，評估成績，處理差錯。對成功的經驗要加以肯定，將其制定為標準，為以後的工作提供方便；出現的失誤，也要記錄備案，可以作為借鑒，防止今後再度發生。

②問題轉入下一個循環

將沒有解決的問題，轉入管理循環，作為下階段的計劃目標。

圖 8-5 PDCA 顯著特點

PDCA 顯著特點：
- 週而復始
- 大小環的行星輪系
- 階梯式上升
- 統計的工具
- 進行持續的改善

心得欄

第 **9** 章

5S 活動的管理辦法範例

一、5S 推動的部門組織

1. 5S 目的

⑴為強化公司的基礎管理，提升公司全體員工的品質；

⑵為提高公司的競爭力，推進精益生產打下良好基礎。

2. 適用範圍

本辦法適用於公司內所有員工

3. 5S 定義及推行步驟

(1) 5S 的定義

整理、整頓、清掃、清潔、安全、素養

(2) 推行步驟

樣板區先行→全面推廣→制度深化→維持改善

4. 5S 活動的推行組織與職責

(1)組織

成立「5S推行委員會」和「和「5S推行辦公室」。

「5S推行委員會」主任委員：由＿＿擔任；副主任委員：由＿＿擔任，執行委員：由＿＿擔任。

「5S推行辦公室」主任：由＿＿擔任，副主任：由＿＿擔任。

(2)委員會組織圖

圖 9-1　委員會組織圖

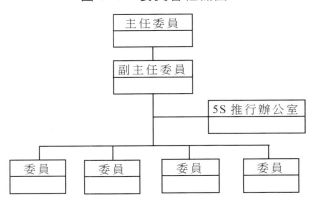

(3)職責

依上列組織圖，其各職位職責規定如下：

①5S推行委員會：負責5S活動的計劃和推展工作

②主任委員：負責委員會的運作，指揮監督所屬委員

③副主任委員

· 輔助主任委員處理委員會事務，並於主任委員授權時，代行其職務；

· 5S全程計劃執行和管制。

④委員

‧ 共同參與5S推動計劃，切實執行主任委員決議，並負責本部門5S的推動工作，評比時並為5S活動的評比委員；

　　‧ 參與5S活動辦法的擬定；

　　‧ 參與5S診斷表、評分表的完成；

　　‧ 參與制訂5S活動的規劃；

　　‧ 進行5S的宣傳教育，推動等；

　　‧ 定期參加5S檢討、推動改善；

　　‧ 5S活動指導及發生爭議的處理；

　　‧ 其他有關5S活動事務的處理。

⑤5S推行辦公室

　　‧ 5S推行方案和計劃的擬定；

　　‧ 5S推行方案和計劃的落實，檢討；

　　‧ 按期召集會議與資料的整理；

　　‧ 5S相關活動的籌劃、推動；

　　‧ 5S評比分數的統計與公佈。

5. 會議與記錄

　　為有效推動5S活動，檢討執行成果及發現應改善的事項，並評議申訴的案件，定於每週一下午1：00於會議室召開「5S推進檢討會」，並作決議和記錄。

　　會議記錄是追蹤改善的工具，也是讓未參加會議人員獲取資訊的工具，故記錄包括的資料：

　　①會議召開次數記錄

　　②議程、主題

　　③時間、地點、出席人員

　　④決議內容

⑤已完成、未完成記錄

⑥完成期限

會議後次日應將記錄轉送各委員,必要時張貼讓員工知道。

6.實施辦法

⑴本辦法前期加強活動預計施行4個月,而後繼續推展和延伸。

⑵為保證5S工作的有效推進,培養團隊精神,各部門以生產單元為小組並劃分各組之責任區域展開競賽,由各區域劃分主管對負責區域推行效果負全責。

⑶每月1次由評比委員按標準到各組評分,評分將以各組的人數、區域面積、人員素質、困難度等差異計算出各組的加權係數進行;力求客觀、公正。

⑷各組的實際狀況若發生變化,加權係數可作修正。

⑸評分後的表單於當天送到推行辦,以便計算成績。

⑹各分組的實際成績,換算成燈號顯示,標準如下:

85分以上(含85分)　　綠燈(合格)

70～85分　　　　　　黃燈(警告)

70分以下　　　　　　紅燈(差)

⑺每次公佈各組的實際成績,每月總結各項成績並公佈名次,並將檢查表中的主要缺點公佈於公佈欄,各組應依表改進。

7.獎懲規定

⑴5S活動獎懲的目的在於鼓勵先進、鞭策後進,形成全面推進的良好氣氛。獎懲的具體實施應以促進5S工作進展為中心,不以懲罰為目的。

⑵競賽以「月」為單位考核,以階段評比競賽,取前3名,發給紅色錦旗和獎金,最後1名發給黃色錦旗並扣款,以作警示。

⑶第一個月樣板區建立時期的獎勵：前三名樣板區獎勵300～500元，通過驗收的獎勵200元，作為部門獎勵。

⑷5S推行活動前期加強期間獎勵為一次，評分在5S推行最後兩個月各進行一次，第一次佔15%，第二次85%。

⑸5S繼續推展和延伸期間每月開展一次檢查評分，每半年獎勵一次。

⑹前3名獎金和最後一名扣款標準如下：

	小組人數	第一名	第二名	第三名	最後一名
A	10人以下(含10人)	2000	1500	1000	2000
B	11人～30人(含30人)	3000	2200	1500	3000
C	31人～50人(含50人)	4000	3000	2000	4000
D	50人以上	5000	3500	2500	5000

⑺錦旗與獎金頒發於次月第一週會，由總經理主持

①依獎勵方法頒發獎金和錦旗，扣款將當月部門工資中扣除。

②所頒發的錦旗必須懸掛指定位置，錦旗於當月底收回；連續三次獲第一名，可永久保存「第一名」紅色錦旗，獎金翻一番。

③成績均未達到85分時，不頒發第一、二名；成績均超過85分以上，不發最後1名錦旗。

⑻頒發的獎金作為部門基金，按對5S貢獻大小分配，嚴禁將獎金平均發放，扣款由部門負責人在相關責任人的工資中扣除，其中部門負責人和具體推進者佔總扣款數的30%。

⑼競賽成績，將作為人事考核的項目之一。

8. 申訴制度

5S活動不僅是個人，而且是團隊的榮譽，若有任何認為不公的情況，可填報《5S評分申訴表》，依下列方式申訴：

⑴確實核對過最新的檢查標準。

⑵與評分委員協調。

⑶交付評分組長最終裁決。

本實施辦法經推行委員會議定，呈送總經理核准後實施，未盡事宜隨時修正並公佈。

二、5S 推行步驟及檢查要點

1. 推行步驟

推行步驟，如圖 9-2 所示。

2. 推行要領

⑴整理的推行要領

①工作場所(範圍)全面檢查

②制定[要]和[不要]的判別基準

③不要物品的清除

④要的物品調查使用頻度，決定日常用量

⑤每日自我檢查

⑵整頓的推行要領

①前一步驟整理的工作要落實

②需要的物品明確放置場所

③擺放整齊、有條不紊

④地板劃線定位

⑤場所、物品標示

⑥制訂廢棄物處理辦法(重點)：

‧整頓的結果要成為任何人都能立即取出所需要的物品

· 要站在新人、不熟悉現場的人的立場來看，使得什麼物品該放在什麼地方更為明確
· 要想辦法使物品能立即取出使用
· 另外，使用後要能容易恢復到原位，沒有回覆或誤放時能馬上知道

圖 9-2　5S 推行步驟

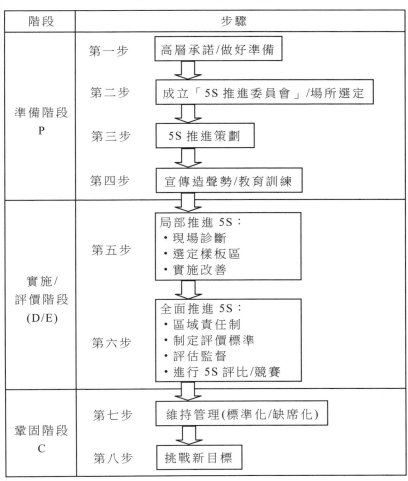

階段	步驟	
準備階段 P	第一步	高層承諾/做好準備
	第二步	成立「5S 推進委員會」/場所選定
	第三步	5S 推進策劃
	第四步	宣傳造聲勢/教育訓練
實施/ 評價階段 (D/E)	第五步	局部推進 5S： ・ 現場診斷 ・ 選定樣板區 ・ 實施改善
	第六步	全面推進 5S： ・ 區域責任制 ・ 制定評價標準 ・ 評估監督 ・ 進行 5S 評比/競賽
鞏固階段 C	第七步	維持管理(標準化/缺席化)
	第八步	挑戰新目標

⑶清掃的推行要領

①建立清掃責任區(室內、外)

②開始一次全公司的大清掃

③每個地方清潔乾淨

④調查污染源,予以杜絕或隔離

⑤建立清掃基準,作為規範

清掃就是使現場處於沒有垃圾,沒有汙髒的狀態。雖然已經整理、整頓過,要的物品馬上就能取得,但是被取出的物品要能正常使用才行,這就是清掃的第一目的。尤其目前我們從事高品質、高附加價值產品的製造,更不容許有垃圾或灰塵的污染,造成產品的不良。

⑷清潔的推行要領

①落實工作

②制訂目視管理及看板管理的基準

③制訂 5S 實施辦法

④制訂稽核方法

⑤制訂獎懲制度,加強執行

⑥高階主管經常帶頭巡查,帶動全員重視 5S 活動。

⑸素養的推行要領

①制訂公司有關規則、規定

②制訂禮儀守則

③教育訓練

④推動各種激勵活動

⑤遵守規章制度

⑥例行打招呼、禮貌活動

素養就是要求大家養成能遵守所規定的事的習慣,5S 本意是以

5S（整理、整頓、清掃、清潔、安全）為手段完成基本工作，並藉以養成良好習慣，最終達成全員「品質」的提升。

⑹安全的推行要領

①制訂服裝、臂章、工作帽等識別標準

②電源開關、風扇、燈管損壞及時報修

③物品堆放、懸掛、安裝、設置不存在危險狀況

④特殊工位無上崗證嚴禁上崗

⑤正在維修或修理設備貼上標識

⑥危險物品、區域、設備、儀器、儀錶特別提示

⑦保障企業財產安全，保證員工在生產過程中的健康與安全。杜絕事故苗頭，避免事故發生。

3. 檢查要點

⑴有沒有用途不明之物

⑵有沒有內容不明之物

⑶有沒有閒置的容器、紙箱

⑷有沒有不要之物

⑸輸送帶之下，物料架之下有否置放物品

⑹有沒有亂放個人的東西

⑺有沒有把東西放在通路上

⑻物品有沒有和通路平行或直角地放

⑼是否有變型的包裝箱等捆包材料

⑽包裝箱等有否破損（容器破損）

⑾工夾具、計測器等是否放在所定位置上

⑿移動是否容易

⒀架子的後面或上面是否置放東西

⑭架子及保管箱內之物,是否有按照所標示物品置放

⑮危險品有否明確標示,滅火器是否有定期點檢

⑯作業員的腳邊是否有零亂的零件

⑰同一的零件是否散放在幾個不同的地方

⑱作業員的週圍是否放有必要以上之物(工具、零件等)

⑲是否有在工廠到處保管著零件

三、整理、整頓標準範例

1.「要」與「不要」分類標準範例

(1)要

‧ 正常的設備、機器或電氣裝置

‧ 附屬設備(滑台、工作台、料架)

‧ 台車、推車、堆高機

‧ 正常使用中的工具

‧ 正常的工作椅、板凳

‧ 尚有使用價值的消耗用品

‧ 原材料、半成品、成品

‧ 尚有利用價值的邊料

‧ 墊板、塑膠框、防塵用品

‧ 使用中的垃圾桶、垃圾袋

‧ 使用中的樣品

‧ 辦公用品、文具

‧ 使用中的清潔用品

‧ 美化用的海報、看板

· 推行中的活動海報、看板

· 有用的書稿、雜誌、報表

· 其他（私人用品）

⑵ 不要

① 地板上的

· 廢紙、灰塵、雜物、煙蒂

· 油污

· 不再使用的設備治、工夾具、模具

· 不再使用的辦公用品、垃圾筒

· 破墊板、紙箱、抹布、破籃框

· 呆料或過期樣品

② 桌子或櫥櫃

· 破舊的書籍、報紙

· 破椅墊

· 老舊無用的報表、帳本

· 損耗的工具、餘料、樣品

③ 牆壁上的

· 蜘蛛網

· 過期海報、看報

· 無用的提案箱、卡片箱、掛架

· 過時的月曆、標語

· 損壞的時鐘

④ 吊著的

· 工作台上過期的作業指導書

· 不再使用的配線配管

· 不再使用的老吊扇

· 不堪使用的手工夾具

· 更改前的部門牌

2. 整頓中「定位、定方法」標準範例

(1) 整體概念

· 廠區週邊雜草定時清理

· 廠內外種樹或綠化盆景，並加定位與設責任者

· 各廠房及間接辦公室加標示牌，區分部門或地點

· 各廠房及間接辦公室設傘架、衣架、茶杯架及私人物品區

· 作業區域不得放私人物品

· 所須物品能在 30 秒之內找到

(2) 公共區域

① 車棚

· 依汽車、摩托車大小分別設停車位（全格法），排定車位；自行車、摩托車分區放置

· 定摩托車、自行車統一靠向

② 宿舍、食堂

· 宿舍食堂區域設定設備、器材維護責任者，經常點檢

· 宿舍、食堂內物品擺放整齊，定位原則統一處理

· 宿舍、食堂地面乾淨、整潔

③ 垃圾場

· 調查廢棄物的種類與平均置放數量

· 規劃各廢棄物的置放區，並加標示

· 盡可能設置放架，加大堆放量

· 易吹散的廢棄物，需加蓋或捆綁

· 定期聯絡收集單位處理廢棄物
· 其整頓及清理以環保規定為標準

④ 物品放置場所

· 物品堆高應避免超過 1.5m，超過的應用料架疊放，且放於易取用的牆邊
· 不良品箱要放於明顯處
· 不明物不放於作業場區
· 叉車等要放低叉子，且不能朝通路停放
· 看板應置放於容易看到的地方，且不妨礙現場視線
· 材料應置放於不變質、不變形的場所
· 油、稀釋劑等不能放於有火花的場所
· 危險物、有機物等，應在特定場所保管
· 無法避免將物品放於定位線外時，可豎起「暫放牌」，放置何時，註明其上，評分人員可不列入扣分項目；暫放物品從存放日期開始不得超過七天，逾期須直屬副總級及以上管理人員簽名認可。
· 外來施工人員，由召集部門負責管理，暫放的物品定置狀況應與相關部門協商，並做清楚的標示

⑤ 作業標準

· 作業標準書不是做好看存檔的，必須使用才有效果
· 要掛在作業場所最顯易看的位置，如機台旁
· 勿掛太高或太低，高度要適當
· 為防止髒汙，可用塑膠套套住
· 在標準書中的重點要項，可用紅筆特別標示

⑥清掃用品

‧ 長柄者如掃把、拖把等,可用掛式

‧ 垃圾桶等,可用地上定位

‧ 水管之類者,用收捲式,較易保管

‧ 必要時加隔屏,簾布遮住,以求美觀

(3)辦公室的整頓

①整體整頓

‧ 部門別的標示

‧ 在辦公桌上用壓力牌標示崗位、姓名(並附照片)

‧ 週邊設備或物品定位,如印表機、電腦桌、影印機等

‧ 辦公桌面不應放置與辦公無關的物品,辦公室要統一化,如「電話在右上角」,「公文架在左上角」

‧ 桌墊底下不要置放照片或其他剪貼畫、名片等,保持清潔

‧ 抽屜內設法分類定位,標示以利取物(如:辦公用品類、私人用品類、表單類、樣板類等)

‧ 衣服外套應掛於私人物品區,不應披在椅子上

‧ 長時間離開位置或下班時,桌面物品歸定位,抽屜上鎖,逐一確認後,再離開

②盆景

‧ 落地式或桌上式要適宜選用,以屬陰生植物為佳

‧ 二樓以上的盆景不得置放於靠窗戶(可開式)旁,以防安全

‧ 加以定位且有「責任者」維護

③公告欄(宣傳欄)

‧ 欄面格局區分,如「公告」、「人事動態」、「教育訓練消息」、「剪報資料」‧‧‧‧‧‧等等

‧ 定期更新資料

‧ 全廠性佈告經管理單位核准蓋章方可張貼

④ 會議室

實施全部定位，如桌、椅、電話、煙灰缸、投影機、白板、白板筆、筆擦、茶杯、茶具等……設定責任者，每日清掃點檢

⑤ 檔案文件的整頓

A. 檔案名稱使用統一標準名稱，如用「品質管理」代替「品質管制」或「品質整理」

B. 檔案文件分類編號

‧ 清查所有相關檔案文件明細，加以整理分類

‧ 分類時依相似類者，做大、中、細等分類

‧ 依大、中、細分類加以編號，越簡單越好

C. 套用顏色管理利用技巧，使檔案易取出、易放定位，如用線條或編號等

D. 檔案標示的運用

‧ 封底頁列文件名稱索引總表

‧ 內頁大區分引出紙或色紙的使用，以便索引檢出

E. 延長檔案的使用期間。

a. 實施全公司檔案文件管制規定

‧ 重新過濾現有使用檔案文件，並予合理化

‧ 規定檔案文件的流程與發行數量、單位

‧ 減少不必要的列印與影印

‧ 規定各檔案文件的保存期限及銷毀方式

‧ 停止「製造」上級從不過目或審核蓋章的

b. 定期整理個人及公共檔案文件

- 留下經常使用與絕對必要的資料
- 留下機密資料或公司標準書檔案文件
- 留下必須移交的資料
- 廢棄過時與沒有必要的資料

c. 丟棄不用的檔案文件
- 建立文件清掃基準
- 廢棄文件、表單背面再利用
- 有關機密文件予以銷毀(碎紙機)
- 無法再利用的，集中廢料變賣，使資源再回收

d. 文件檔案清掃基準(例)
- 過時表單、傳票
- 過時無用之報告書、檢驗書。無用的名片、DM
- 備忘錄、失效的文件
- 登錄完畢的原稿
- 修正完畢的原稿
- 作為參考的報告書、通知書
- 因已回答等而結案的文書
- 賀年卡、邀請卡、招待卡
- 報紙、雜誌、目錄
- 傳閱完畢的小冊子
- 使用完畢的申請書
- 會議召開的通知、資料、記錄等影印本
- 設計不良或可改善的表格
- 正式通知變更的原有失效規程
- 認為必要而保管，但全然未用的文件

· 破舊的檔案

· 過時泛黃而無價值的傳真

⑷倉庫整頓

①定點

以分區、分架、分層來區分，管理成品及零件的堆放

· 設立標示總看板，使有關人員對現狀的掌握能一目了然

· 在料架或堆放區上，將物品人員的品稱或代號標示出來，以利
  找尋及歸位

· 搬運工具也要給它一個固定的家，不但對環境的整潔有幫助，
  而且更可減少「找」的時間

· 倉庫的門禁，也是維護物品定位的守護神

· 控制貨物進出，發放的時間

②定類

要管理物品，首先應該區分物品的種屬類別及使用狀況，並選擇
合適的容器來存放。大小不一的容器，不但有礙觀瞻，同時也浪費空
間，因此，我們在考慮整頓時，不妨也把容器列入對象之一。

· 週轉越大部份，置放越靠出口

· 週轉越小部份，置放越靠內側，且要加蓋防塵

· 往空間發展，零件勿直接置放於地上

· 塑造一目了然的倉庫

· 利用顏色管理來做好先進先出定量

③定量

· 同樣的物品，應要求在包裝方式數量上一致

· 用現品票來協助約定，瞭解內容

· 設定標準量具來取量

④建立管理水準

‧ 設定物品的最高、最低及安全存量

‧ 管制界限來控制各零組件庫存量

‧ 超出界限表示異常檢查並清除呆滯零件

⑤定期實施倉庫大掃除

‧ 配合公司清掃的做法

‧ 自選實施，由倉庫主管策劃

‧ 倉庫內灰塵、垃圾、蜘蛛網的清除排除

‧ 避免蟑螂、老鼠等損壞零件

四、幹部和員工的責任

1. 員工在 5S 活動中的責任

⑴自己的工作環境須不斷地整理、整頓，物品、材料及資料不可亂放

⑵不用的東西要立即處理，不可使其佔用作業空間

⑶通路必須經常維持清潔和暢通

⑷物品、工具及文件等要放置於規定場所

⑸滅火器、配電盤、開關箱、電動機、冷氣機等週圍要時刻保持清潔

⑹物品、設備要仔細地放，正確地放，安全地放，較大較重的堆在下層

⑺保管的工具、設備及所負責的責任區要整理

⑻紙屑、布屑、材料屑等要集中於規定場所

⑼不斷清掃，保持清潔

⑽按作業標準操作，遵守各種制度

2. 幹部在 5S 活動中的責任

⑴配合公司政策，全力支持與推行 5S

⑵參加外界有關 5S 教育訓練，吸收 5S 技巧

⑶研讀 5S 活動相關書籍，廣泛搜集資料

⑷部門內 5S 之宣導及參與公司 5S 文宣活動

⑸規劃部門內工作區域之整理、定位工作

⑹依公司 5S 進度表，全面做好整理、定位劃線標示的作業

⑺協助部屬克服 5S 的障礙與困難點

⑻熟讀公司 5S 活動的相關知識並向部屬解釋、宣導

⑼必要時，參與公司評分工作

⑽ 5S 評分缺點的改善和申述

⑾督促所屬執行定期的清掃點檢

⑿上班後的點名與服裝儀容清查，下班前的安全巡查與確保

五、班前會制度

1. 目的

⑴全員集中，提升集體意識，迅速進入工作狀態

⑵宣導上級目標精神，進行重要工作動員

⑶加強禮貌活動，提升員工精神面貌，改善內部關係

2. 適用範圍

本公司全體員工

3. 定義

班前會時間為每天正常上班鈴響開始，控制在 5～10 分鐘內

4. 權責

⑴各部門負責宣傳並按制度執行

⑵行政部(項目小組)負責宣傳監督、執行

5. 內容

(1)班前會程序

①全體集中，分組列隊整齊，管理人員站在隊列前部；

②注意整理自身儀容，雙手背後站立，目視訓導者；

③主持人站在隊伍前面，開始班前會；

④「班前會開始！」

⑤「大家好！今天……」——主持人發言

⑥「禮貌用語！」(5 句，各重覆 2 遍，負責人帶頭，要求聲音宏亮，整齊劃一)。

- 早上好！早上好！
- 對不起！對不起！
- 請！請！
- 謝謝！謝謝！
- 辛苦啦！辛苦啦！

(2)班前會內容

①通報部門要事；

②上日生產狀況簡短總結，當天工作計劃及工作中應注意事項的簡要傳達；

③主要改善項目/活動進度說明；

④部門內必要的協調事項說明。

(3)注意事項

①全體員工都應坦誠提出意見；

②不批評、反駁他人的提案，亦不打小報告；

③主張和爭議應表裏一致，說明時應將心裏的想法坦誠表述；

④有關班前會的方式，若有異議，或者有新方法及不同的構想，可隨時提出來；

⑤班前會記錄於次月四日前上交行政部，作為「5S「考核評分依據之一。

 ## 案例 公司視覺化管理規範

為了提升現場管理水準，決定推進 5S 管理方法。在經過初步的整理、整頓後，又開始在現場推進視覺化管理。

在推進視覺化管理的初期，他們著手制訂了視覺化規範和視覺化計劃。初期的視覺化規範主要包括劃線規範、放置規範、標識規範等。

(一)劃線規範

企業視覺化管理的劃線包括通道線和區域線兩種。

1. 區域線顏色

⑴紅色：不良品、廢品、危險化學品、滅火器、電氣。

⑵藍色：待檢品、待生產物料。

⑶綠色：合格產品。

⑷黃色：一般通道線、定位線。

⑸白色：垃圾桶、清潔工具。

⑹黃黑斑馬線：危險源警示、突出物警示。

2. 通道線

⑴倉庫主通道：線寬 10 釐米。單車道道路寬度為車寬加 60 釐米，雙車道道路寬度為兩車寬加 70 釐米。

⑵工廠主通道：線寬 10 釐米。人行道道路寬度為 80 釐米，單車道道路寬度為車寬加 60 釐米。

3. 通道要求

⑴儘量避免轉彎，搬運物品的方式採取最短距離。

⑵通道的交叉處儘量使其直角。

⑶在通道上不可停留和存放任何物品。

⑷要時常保持通道地面乾淨，有油污時應立即清除。

⑸安全出口必須暢通，不可堵塞，並且要有「安全出口」標識。

4. 區域線

⑴區域線線寬均為 6 釐米。

⑵作業區區域線，距設備 100 釐米(根據具體情況可調整)，人員在線內進行操作。

⑶設備區域線，線距設備 10～20 釐米。

⑷搬運工具(託盤、小車)、小桌採用四角定位，線長：10～20釐米。線距託盤、小車、小桌垂直位置為 10 釐米。

(二)放置規範(部份)

1. 物料筐

⑴物料裝載不可超高於物料框外沿，一般於物料框平齊為宜；

⑵在製品、產成品、不良品(返工品)、報廢品物料框不能混合使用；

⑶裝載物料按指定區域放置；

2. 高度

⑴所有物料放置高度都有限度，一般限度為 80 釐米，其他情況參考相關具體規範。

(三)標識規範(部份)

1. 物料架標誌牌;

2. 物料標識牌;

3. 電源箱標識牌;

4. 閥門標識牌。

(四)閥門視覺化推進計劃

在推進視覺化的過程中,採用了分項目、分步實施的方法。其中一個項目就是閥門的視覺化,制訂了閥門的視覺化計劃。

表 9-2　閥門視覺化推進計劃

1. 項目主題:管道閥門的視覺化標誌式樣與懸掛方式的確定
2. 推進部門:設備視覺化推進小組
3. 項目週期:5 月 11 日～5 月 15 日
4. 日程安排:
⑴ 5 月 11 日:調查生產部門閥門的數量、各自特點、標識懸掛的難度
⑵ 5 月 12 日～13 日:討論標誌的式樣和懸掛的方式
⑶ 5 月 14 日～15 日:現場確認、製作、懸掛

心得欄 ---------------------------------

| 第二部　5S 管理的推動重點 |

第 *10* 章

5S 活動的實施

一、推行 5S 活動前的診斷

　　針對現場常見問題，自行現狀調查分析或透過顧問師的診斷檢查，判斷問題和隱患所在，確定 5S 活動的重點和階段性主題。

　　對現場所進行的診斷，最後要將診斷結果以書面的形式呈現出來，在分析的過程中要把所出現的問題或難處找出來，最好附上所拍照片，同時，要提出相應的建議。

表 10-1　5S 活動自我評估與診斷標準

序號	評估項目	評估與診斷標準
1	公共設施環境衛生	(1)浴室、衛生間、鍋爐房、垃圾箱等公共設施完好 (2)環境衛生有專人負責，隨時清理，無衛生死角 (3)廠區綠化統一規劃，花草樹木佈局合理，養護良好
2	廠區道路車輛	(1)道路平整、乾淨、整潔，交通標誌和劃線標準、規範、醒目 (2)機動車、非機動車位置固定，標誌清楚
3	宣傳標誌	(1)張貼、懸掛表現企業文化的宣傳標語 (2)文宣形式多樣化，內容豐富
4	辦公室物品和文件資料	(1)辦公室物品擺放整齊、有序，各類導線集束，實施色標管理 (2)辦公設備完好、整潔 (3)文件資料分類定置存放，標誌清楚，便於檢索 (4)桌面及抽屜內物品保持正常辦公的最低限量
5	辦公區通道、門窗、牆壁、地面	(1)門廳和通道平整、乾淨 (2)門窗、牆壁、天花板、照明設備完好且整潔 (3)室內明亮、空氣新鮮、溫度適宜
6	作業現場通道和室內區域線	(1)通道平整、通暢、乾淨、無佔用 (2)地面劃線清楚，功能分區明確，標誌可移動物擺放位置，顏色、規格統一
7	作業區地面、門窗、牆壁	(1)地面平整、乾淨 (2)作業現場空氣清新、明亮 (3)標語、圖片、圖板懸掛、張貼符合要求 (4)各種不同使用功能的管線佈置合理，標誌規範

續表

8	作業現場設備、工裝、工具、工位器具和物料	(1)定置管理，設備（含檢測試驗設備）、儀器、工裝、工具、工位器具和物料分類合理，擺放有序 (2)作業現場無無用或長久不用的物品 (3)消除跑、冒、滴、漏，設備無黃袍，杜絕污染
9	作業現場產品	(1)零件磕碰劃傷防護措施良好、有效 (2)產品狀態標誌清楚、明確，嚴格區分合格品與不合格品 (3)產品放置區域合理，標誌清楚
10	作業現場文件	(1)文件是適用、有效版本 (2)各種記錄完整、清楚 (3)文件擺放位置適當，保持良好
11	庫房	(1)定置管理，擺放整齊 (2)位置圖懸掛標準，通道暢通 (3)賬、卡、物相符，標誌清楚 (4)安全防護措施到位
12	安全生產	(1)建立了安全管理網路，配備專職管理人員 (2)建立安全生產責任制，層層落實 (3)制訂安全生產作業規程，人人自覺遵守 (4)有計劃地開展安全生產教育與培訓
13	行為規範與儀容	(1)員工自覺執行公司的相關規定，嚴格遵守作業紀律 (2)工作堅持高標準，追求零缺陷 (3)制訂並遵守禮儀守則 (4)衣著整潔 (5)工作時間按規定統一穿戴工作服、工作帽 (6)工廠區內上班時間員工能自覺做到不吸煙

二、5S 活動的推行步驟

1. 5S 活動的推行步驟

表 10-2　點式推動的步驟

NO.	推動步驟	執行事項	責任者
1	計劃	1. 有關資料搜集、觀摩他廠案例。 2. 整理整頓方式及行動目標規劃。 3. 教育訓練及文宣活動計劃。 4. 部門區域或個人責任區之規劃。 5. 整理整頓推動辦法設計。 6. 整理整頓推動計劃表排定。 7. 權責劃分（員工、組長、課長、經理……） 8. 整理整頓看板及缺點公告表製作。 9. 整理活動規劃。 10. 整理畫線、定位、標示的規劃。	管理課
2	宣導	1. 全員及幹部訓練（N 次）。 2. 整理整頓標語、有獎徵答活動。 3. 績優工廠觀摩及心得照片發表。 4. 整理整頓推動辦法討論及宣達。 5. 標語及海報製作，塑造氣氛。	管理課
3	整理作戰	1. 選一適當日期，實施紅牌作戰，全廠大清理，區分要與不要的東西。	各部門主管
4	整頓作戰	1. 選一適當日期，全廠執行定位、畫線、標示，建立地、物的標準。	各部門主管
5	推動辦法實施	正式公告、下達決心。	總經理 管理課
6	缺點攝影	1. 違犯整理整頓條文事實、攝影。 2. 記住攝影位置（可做標記）。	管理課
7	照片公佈改善	1. 及時公告。 2. 表示事實、日期、地點、及要求改正。 3. 在公告欄公告，限時改正。 4. 改正後，在同一地再拍，作前後比較。	管理課
8	獎懲對策	1. 定期檢討（週、月、年度檢討）。 2. 屢勸不改善懲罰，表現突出表揚。 3. 推動軟體與硬體障礙對策、克服。	總經理

表 10-3　點式推動與面式推動的比較

做法 / 項目	點式做法	面式做法
採用形式	定點攝影法	評分改善法
適用企業	小型	中、小型
適用組織形態	1.各部門人數比例懸殊 2.有些部門人數過少(3 人以下)	3.各部門人數均勻 4.單部門人數較多者
執行難易度	簡單易行	慎重、細瑣
成效	較小、止於 4S	較大，達到 5S 全面之改善
推動期間	短(隨時可導入)	長(要選擇時機導入)
推動組織	管理課	5S 委員會或小組
執行人員	管理課課長	5S 主任委員、幹事、各級委員
推動工具	照片	評分表
執行技巧	照片前後比較	稽核、溝通、協調
推動步驟	1.計劃 2.宣導(訓練) 3.整理作戰 4.整頓作戰 5.方案施行 6.缺點攝影 7.公佈改善 8.獎懲對策	1.計劃　2.組織 3.宣導　4.整理作戰 5.整頓作戰　6.辦法試行 7.討論修正　8.正式施行 9.考評 10.上級巡廻評價 11.檢討與獎懲 12.推動後續新方案

表 10-4　面式推動的步驟

NO.	推動步驟	執行事項	責任者
1	計劃	1. 資料搜集與他廠觀摩 2. 引進外部顧問協助 3. 行動目標規劃 4. 訓練與宣導活動設計 5. 方案與推動日程設計 6. 責任區域劃分 7. 整理整頓施行規劃 8. 5S 週邊設施(如看板)設計	管理部或準 5S 活動幹事
2	組織	1. 推動委員會的成立 2. 權責劃分 3. 部門主管全身心投入 4. 執行評述作業 5. 行動庶務支援 6. 協助改善工作	經營者核決
3	宣導	1. 教育訓練 2. 標語、徵文…比賽 3. 參觀工廠 4. 海報、推行手冊製作 5. 照片展 6. 經營者下達決心	5S 活動幹事
4	整理作戰	1. 找出不要的東西 2. 紅牌作戰……大掃除 3. 廢棄物登記、分類、整理 4. 成果統計	各部門主管
5	整頓作戰	1. 定位 2. 標示 3. 畫線 4. 建立全面目視管理	各部門主管
6	推動辦法 實施	1. 全員說明會、經營者公佈 2. 公告試行，要求嚴守。	5S 活動主任 委員

續 表

7	辦法討論 修　　正	①問題點搜集與記錄 ②每週開會檢討，修正條文。	5S 活動幹事
8	推動辦法 正式施行	1. 全員集合宣佈 2. 部門集合宣佈	5S 活動幹事
9	考核評分	1. 日評核 2. 月評核 3. 糾正、申訴、統計、評價	各評審委員
10	上級巡廻 診斷	1. 最高主管或顧問師親自巡查(每月、每季) 2. 巡查診斷結果記錄與說明(優、缺點提出)	經營者 顧問師
11	檢討與 獎　　懲	1. 定期檢討、記錄對策(週、月、年度檢討) 2. 全員集合宣佈成績 3. 錦旗與黑旗的運用 4. 精神與實物的獎勵	5S 活動幹事
12	推動後續 新方案	1. 人員 5S 活動紀律作戰 2. 設備 5S 活動作戰	5S 活動主任 委員幹事

心得欄 ------------------------------

----

2. 5S 的推行順序

　　5S 活動的導入與推行，每個工廠應依自己的實際狀況，制定可行的具體的計劃，分階段進行推展，一般來說，如果企業是初次推動5S 活動，應按後述步驟進行。

圖 10-1　整理整頓活動導入流程圖

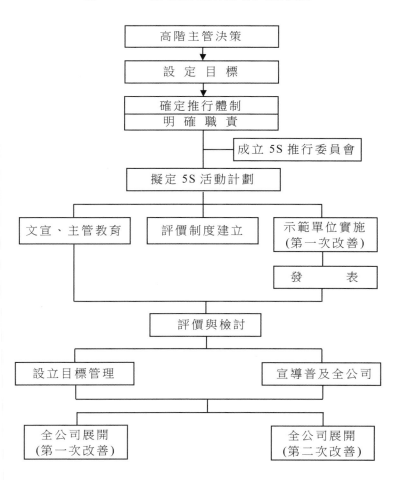

表 10-5　某公司 5S 活動推行計劃表

日程＼日期 進度 項目及步驟	準備期間			實施期間						維持期間		
	2月	3月	4月	5月	6月	7月	8月	9月	10月	11月	12月	1月
1 5S 推行前的協調會	↔											
2 建立推行組織、方針		↔										
3 宣誓會及海報、宣傳活動			←——→									
4 照像攝影			←→									
5 大掃除活動			←→									
6 執行整理、整頓作業					←——→							
7 問題的檢討						←→						
8 改善案的作成						←→						
9 實施改善與確認							←→					
10 督導、評估、巡迴檢查							←——→					
11 照像攝影									←——→			
12 發表會											↔	
13 活動反覆推進										←——→		
說明：←表示工作開始日期；→表示工作預期完成日期												

表 10-6　5S 管理推行計劃表

步驟	項目	推行計劃								
		1 週	2 週	3 週	4 週	5 週	6 週	7 週	8 週	…
1.5S 管理推行準備	(1)確定 5S 管理推行負責人和小組，並修改相關的 5S 實施文件									
	(2)各副主任負責提交各小組的責任區域圖，以及提交 5S 所有待其他部門或者上級部門解決的問題清單									
	(3)全廠新員工培訓及測試；5S 宣傳									
2.5S 管理推行	(1)各部門開始實施整理並提交整理清單									
	(2)各部門確定清掃責任區，具體落實到每一個人，並實施清掃									
	(3)各部門實施整頓(目視管理)									
	(4)各部門實施清潔									
	(5)全廠 5S 管理開始實施評比									
3.5S 管理維持	(1)每月由 5S 管理委員會主任抽取部份工廠或部門進行評比，對前兩名給予獎勵									
	(2)行政部將 5S 培訓內容納入新員工培訓項目之中，每個月對新進員工組織一次培訓									

表 10-7 某公司 5S 項目輔導工作進度表

期別	次數	日期	工作內容	參與人員	準備相關用品
訓練宣導期	1		1. 工作進度表確認 2. 討論全部作業方式、確認作法 3. 現場 5S 資料及做法瞭解 4. 現場診斷及拍照 5. 幹部訓練	承辦人員 各級幹部	5S 有關 規定及投影機
	2		1. 討論先期活動的做法 2. 全員訓練 3. 現場診斷及拍照 4. 有關 5S 教育資料講解、瞭解	承辦人員	幻燈機 投影機
	3		1. 5S 執行做法資料說明 2. 標語或集訓法研擬、討論 3. 全員訓練	承辦人員	幻燈機 投影機
	4		1. 標語比賽執行 2. 全員訓練 3. 現場規劃圖繪製 4. 現場再度詳細目視及問題記錄 5. 5S 缺點相片海報製作	承辦人員	海報、規劃圖 （各區）
	5		1. 塗色比賽執行方式研討 2. 標語比賽評審 3. 規劃圖修正		標語比賽樣張
	6		1. 以規劃圖討論定位方式（1F） 2. 現場檢查 3. 幹部訓練細部 5S 的做法	1F 主管	規劃圖 投影機
	7		1. 以規劃圖討論定位方式（2F） 2. 現場實地瞭解	2F 主管	
	8		1. 以規劃圖討論定位方式（3F） 2. 現場實地瞭解	3F 主管	
	9		1. 以規劃圖討論定位方式（倉庫） 2. 現場實地瞭解 3. 顏色區域心理法設定討論 4. 幹部訓練：豐田 5S 觀賞	倉庫主管	

續表

訓 練 宣 導 期	10	1. 5S 活動辦法草擬 2. 定位細節再討論 3. 現場檢查 4. 標語、漫畫配置研究 5. 定點攝影法	標語、漫畫、 畫線工具
	11	1. 5S 活動辦法修正及列印 2. 成立推動委員會，分發聘書 3. 看板建立研討 4. 全廠定位結果檢討 5. 幹部訓練顏色管理	組織表 投影機
	12	1. 5S 試行前檢討 2. 5S 幹部級解說、討論 3. 標語、海報、漫畫配置確立 4. 看板確立	看板
	13	1. 5S 試行前檢討 2. 公佈及全員解說(計 2 次)	5S 競賽辦法
試 行 修 正 期	14	1. 正式試行一個月 2. 幹部訓練 5S 與工作改善 3. 評分、運作方式檢查 4. 評分結果檢查	5S 評分表及公佈 表、投影機
	15	1. 5S 有獎徵答活動設計、研討 2. 現場查核 3. 問題質疑	有獎徵答題目
	16	1. 5S 問題點質疑、解答 2. 5S 執行結果檢查 3. 下週試行結果檢討會準備	5S 評分表
	17	1. 5S 辦法修正 2. 5S 問題點質疑，現場拍照	5S 競賽辦法
正 式 推 行 期	18	1. 正式施行 5S，執行情形檢查 2. 現場檢查 3. 幹部訓練：溝通與協調之做法	
	19	1. 綠化活動做法準備、討論 2. 顏色心理法總結	
	20	1. 綠化活動後續執行、檢討 2. 5S 輔導總檢討	

三、5S 活動試點的展開

1. 如何展開 5S 活動

5S 活動不是一開始即在公司全面展開，而應先選擇特定的示範區域，樹立樣板單位。利用示範單位的經驗加快活動的進行。在確定試行單位後，5S 幹事應協助試點單位主管制定試行方案，並督導做好試行前的準備作業，如：

· 規劃部門內部 5S 責任區域，並以圖表公佈。

· 制定物品「要」與「不要」的標準，並進行培訓、說明。

· 活動展開的用具，如紅色標籤等製作。

(1)整理活動

按「要」與「不要」物品的標準，將不要物品清除並進行大掃除，這個步驟未做完，活動不得往前進。不要的物品例如：

· 生產現場的下腳料、廢紙箱、破舊的包裝袋。

· 廢棄的工具。

· 作業員的私人用品。

· 報廢的設備及配管、配線等貼上紅色標籤。

(2)整頓活動

經過大面積的清理後，建立清潔的工作場所，此時首先要做好污染源發生防止對策。因部門性質不同，污染源發生對策可能會有一些差別，對於處理技術難度較大的部位必須請工程技術部門協助配合。在實施作業場所或設備的清淨化時，同時進行物品的擺置方法的改善，對工、模用具、檢測及量儀器確定擺放方法及定位化，並通過目視管理進行維持與改善。例如：

‧ 分析物料搬運途徑及作業過程，制定現場平面規劃圖；
‧ 將通道、原料區、完工區、不良品區畫上黃線並用紅漆噴上名稱；
‧ 作業台或設備週圍的成品區、不良品區畫上黃線並標識名稱；
‧ 作業設備予以編號，在每台設備上掛上過塑後的操作作業指導書；
‧ 在生產線最前面或工序上掛上名稱標識牌；
‧ 確定工模存放區域，每台模具予以編號、分類擺放、標識；
‧ 將工具箱編號並規定擺放在作業台右邊，便於取拿處；
‧ 制定設備點檢、保養制，以及工模用後、每週的上油規定。

⑶檢查評價

在試點單位整理、整頓活動開展一段時間後，由 5S 推行委員會檢查試行方案的落實、達成情況，評價活動的實施效果。對試行期間的問題進行收集和分析。改善不足的方面，設計、調整下一次的行動方案，使新的計劃更符合實際。

2. 5S 活動正式實施

通過對試點部門 5S 試行結果進行檢討後，確定公司正式實施 5S 的活動方案及推行辦法、推行時間，由主任委員核准後予以公佈，讓公司全員瞭解 5S 活動推行的進程。活動辦法由推行委員會對各委員進行說明，各委員對本部門進行說明。

當 5S 活動確定全面展開和實施後，公司最高管理者應召集全體人員舉行宣誓大會。強調 5S 活動推行的決心，公佈活動正式開始的日期及期望達成的目標。

四、5S 活動的策劃階段

作為推行項目而言，第一個月為準備策劃階段，屬於前期工作。準備工作越是週到，考慮越詳盡，實施就越容易，反之則可能失敗。

第一週：建立推進 5S 的部門

萬事開頭難，策劃準備工作是成功的第一步，成功源自完美的準備。只有準備充分，才能帶領自己的團隊順利達成目標。

1. 與最高領導溝通——獲取高層的支持

這是重要的溝通環節，你能否獲得最高領導的支持，往往取決於這一步。

啟動會議通知

與會人員：總經理、副總經理、樣板區責任人、班組長（最好是把名字列出來）、樣板區可以抽出來的員工。其他區域的中高層領導

主持人：×××

會議時間：8：30～12：00

會議流程：

‧ 開場白

‧ 推行辦公室組長講解 5S 管理方案及時間節點說明

‧ 5S 推行副主任宣讀相關推行制度

‧ 具體實施操作方法講解

‧ 總經理講話

‧ 總經理帶領宣讀誓師詞

‧ 結束

---

2. 編制組織機能圖

　　有些企業組織圖是敍述方式的，但是一般採用以下圖表方式更直觀，一目了然。從自己編制的文件開始，作為督導師就要以能看起來更加明白快捷的方式進行編制。

圖 10-2　組織機能圖

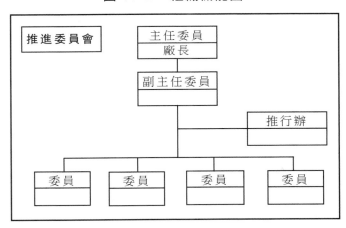

3. 明確職責

　　職責明確是為了各司其職，讓大家知道負責人是誰，分別負責什麼內容，給各個部門一個聯絡的視窗。以下為參考職責，企業可以根據自身特點進行追加和刪減。

(1) 主任委員

· 人力資源、物資的合理提供者。作出相關決策，鼓舞士氣，適
　當巡查現場，關心、認可、指正下屬的 5S 工作。

· 頒佈權威性文件。

(2) 副主任委員

　　資源的運用掌控，做好人員的配置，協調不合理等事項。督導推行辦的推進工作。主持各種主要會議，審核相關文件。

(3)推行辦

· 制定實施方案，協調部門間的問題，召開各種會議及組織各種
推行活動，並準備各類推行文件及事務工作內容。
· 督導各活動區的工作進展，並實施檢查評比、宣傳教育等活動，
對有爭議問題進行處理和協調等 5S 管理的具體工作。
· 對各種重要會議，特別是檢討推行辦法的會議，由推行辦做好
會議記錄並發放會議備忘。

(4)委員(各部門 5S 負責人)

參與 5S 活動計劃的制定及監督實施，執行領導小組及推廣辦所
委派的工作；負責本部門 5S 的宣傳教育，完成診斷表、評分表等表
單的填寫。參與定期檢查，推動整改工作。

4.推行辦公室選定

很多企業認為 5S 管理是臨時性的，往往只給予一個臨時性的地
方，做這個組織的工作場所，實際上這個組織在日本企業和韓國企業
往往是放在「5S 推進室」來構建的。如果你所服務的企業沒有這個
部門，建議從一個長遠規劃的角度成立這樣的部門。因為 5S 管理模
式是企業內部和外部的工作方法改善推進的組織，只要是改善的項
目，交給這個部門有利於企業建立系統的體制。

辦公室根據專員的多少進行配置，一般以 3～5 人為宜。當然企
業還需要準備會議室。

5.推行組織內部學習

組織推行辦公室的成員，按照書本上的內容，去自我實踐。可以
先以 5S 推行辦公室作為試驗樣板，進行一次 5S 管理工作。

6. 選定樣板區

(1) 以樣板區的形式展開

5S 推行初期，員工往往會存在不少疑慮，如不知道該怎樣做，做到什麼程度才算完成等等。很多企業不顧當時員工理解的局限性，匆匆上馬項目，盲目全面展開，最後員工全上陣，忙亂中卻往往把 5S 做成了一次大掃除，其結果也自然和推行的初衷相去甚遠，往往讓人啼笑皆非。

所以推行 5S 時，如果企業內部有以下現象，就最好從建立樣板區開始。積累經驗後再全面展開，做到以點帶面，保證 5S 的開展深度，提高成功率，從而有一個直觀的榜樣力量去指引其他員工積極參與。

- 各級幹部對 5S 的目的、作用、推行方法等理解不足或認識不統一，不能充分發揮帶頭作用；
- 過去曾經有過推行某些活動不順利，或者停滯不前，致使員工對類似活動有抵觸情緒或持懷疑態度；
- 企業規模大，難於同步啟動或部門間在安排上不能協調一致；
- 企業經營場所分散，互相之間聯繫較為困難。

(2) 選擇樣板區時要考慮的因素

- 具備一定的代表性；
- 根據評分係數選擇，實施難易適中的區域；
- 有教育、促進意義區域；
- 在公司能起到承前啟後作用的區域；
- 前後效果直觀，容易看到進步和成績；
- 區域相對獨立，責任人明確；
- 整改工作量適度，人手較充分，能夠短期見效；

‧人員配合度高。

⑶如何選擇樣板區

樣板區的選定是一個非常重要的環節。樣板區數量可根據企業規模大小及現場類型不同來確定,其中有維修(保全室)、生產現場、試驗室、庫房、辦公區、食堂或宿舍等。

工廠是 5S 管理推進的堅實後盾,在將來的改善中都可能需要用到這些技術人員。所以,維修等技術工作區域,是 5S 督導師首先應關注的地方,只要他們效率提高、理念轉變,從而積極參與進來,將使推行工作事半功倍。

7. 口號選定

宣傳口號是深入人心的一種有效宣傳方式。要擬定能便於員工理解和記憶 5S 的口號。

‧ 儘量與企業文化相結合,與企業長遠戰略目標相結合;

‧ 長短適中,不超過 4 句話,不少於 4 個字;

‧ 順口、易記,鏗鏘有力。

在編寫的時候,如果企業已經明確自己的企業文化,直接取用並與之理念相結合就可以了。否則就要先想想經營者平時關注的是什麼,常強調的是什麼,常批評的又是什麼。分析企業文化的理念和公司的遠景規劃,用心推敲出幾種備選方案,請最高領導最終定奪。

也可以採用向全公司徵集的辦法選出代表公司形象和理念的口號。特別是大型集團性的企業,人才濟濟,用廣泛徵集的方法可以同時把 5S 的理念散發出去,引人思考,從而激勵每個員工從思考開始就參與進來。

8. 製作誓師詞

在正式啟動前,通常因長久的沉澱,在我們企業管理中留下了許

多故步自封、中庸之道的痕跡，導致企業在導入新的管理模式時總感覺如履薄冰，推行中總是阻力重重，很難深入執行。所以，我們往往第一步要做的是結合企業自身的情況，制定出一個合理有效的行動計劃，我們稱之為「破冰行動」。

破冰的方式很多，可以根據企業的不同狀況採取相應方式：

· 全員誓師大會

· 員工動員大會

· 啟動茶話會

· 懇談會

· 演講比賽、答辯會

不管採用何種方式，我們都要達到同樣的目的：5S 推行是企業發展的需要，每位員工都要全力以赴，努力達成。

宣誓詞

我是××公司××部門的 5S 活動負責人。

為了提高現場管理水準，改善企業形象，在公司的 5S 活動中，我宣誓，做到以下工作：

我將推動部門上下，從工作中的每一件小事做起，持之以恆，以達到公司 5S 驗收標準。

積極主動幫助其他兄弟部門開展 5S 工作，共同成長，共同進步。

我將領導部門全員積極配合公司 5S 整體推動計劃高效實施，不斷提高自我訴求，促進個人成長。

為塑造一個有××特色，洋溢××5S 文化的企業形象而攜手努力！努力！再努力！！

宣誓人：×××

第二週：高層溝通

1. 推行組織內部溝通

當工作策劃基本完成，應就計劃與自己的團隊進行一次溝通，這樣做的目的和好處有如下幾個：

· 統一團隊思想和步伐、方向；

· 讓團隊所有人都知道自己要做什麼，達到的目標；

· 可能有遺漏的部份，需要團隊的其他成員來幫助自己完善；

· 讓團隊成員有強烈的參與感，可以使目標快速達成。最重要的是團隊的凝聚力會因為事前的溝通更強。

2. 費用預算

費用預算是老闆最關注的焦點，做費用預算時，應根據企業自身的條件。更重要的是說明當這些投入後，可以給企業帶來什麼實質效果，這是老總關心也是希望瞭解的部份，所以你要精心準備物資清單、費用預算及效果預測。

最忌諱的是沒有任何改善就要老闆花大錢，動不動就是「你如果可以給我撥 9 萬塊，我就可以把這裏裝修得很好，達到一流的水準」。

3. 制定實施方案書

前面準備的工作全部再梳理一次，用 PPT 文件形式做出方案書。

方案書的主要內容包括：

· 主題：例如「5S 管理實施方案書」。

· 背景：在什麼條件下我們提出了這個課題。

· 現狀情況：可用前期調查的數據、評估得分或照片來說明我們要做這個工作的重要性和必要性、緊迫性。

· 目標：在現狀的把握下，我們提出通過半年努力期望達到的標準或目標值。

- 實施組織：組織成員的介紹及職責明確。
- 實施口號：把三個口號列入方案書。
- 實施步驟：描述八大步驟。
- 實施日程：6 個月的日程安排說明。
- 費用預算：項目實施需要支出的金額估算，一般比實際預算費用可略多 10%。
- 誓師詞。

4. 制定培訓計劃書

大部份企業急於求成，第一個月就想把所有的內容一股腦全部教給員工，好不容易請來一個老師授課，就召集全員聽講進行培訓。對於初期啟動，為了向全員傳達 5S 理念，這樣做是可以的，但是一兩百人的課堂，老師往往只能用已經準備好的教材進行講解，而不能更多地針對本企業具體的問題進行講解，故容易出現員工走神的現象。特別當對企業情況不夠熟悉的老師講解時，效果很容易適得其反，最後使培訓流於形式化。

所以，建議聽課人數 40 人左右，不宜超過 50 人。

每個月應就不同的階段和水準進行不同的培訓。培訓重點見表 10-8。

第三週：進度控制

- 工作方針制定

工作計劃是帶領團隊作戰的工具，就像打仗要帶上地圖一樣。工作計劃在某種意義上就是我們的督導依據。

- 時間節點控制表制定
- 管理數據清單
- 推行辦推行日誌

· 整改單設計

表 10-8 培訓重點

月份	培訓內容	培訓形式	培訓對象
第一月 準備策劃 ——成功源自完美 的準備	(1)5S 管理實施辦法 (2)宣傳策劃 (3)整體推行計劃	文件公佈及 會議說明	最高領導到 班組長
第二月 由點到面 ——樹立標杆區域	(4)整理整頓若干規定 (5)不要物處理程序 (6)油漆使用指引 (7)《5S 推進備忘表》運用	集中培訓及 實操練習	全員 班組長以上 油漆實施者 推行者
第三月 由面到點	(8)紅牌作戰 (9)《污染發生源及困難處所登 記表》的運用	集中培訓及 實踐	推行委員 全員
第四月 目視管理	(10)看板管理評比規定 (11)生產區評比標準 (12)辦公室評比標準 (13)5S 評分單位加權係數	文件公佈及 會議說明	評比委員
第五月 精益求精	(14)清掃部位及要點 (15)《××區域清掃責任表》	集中講解	班組長及員工
第六月 維持改善	(16)識別工作中的浪費 (17)工作改善教導 (18)改善提案獎勵制度 (19)《改善提案表》方法 (20)如何做總結演講稿	集中講解	全員

表 10-9　5S 管理數據清單確認

管理數據	性質	責任人	週期	1 月	2 月	3 月	4 月	5 月	6 月
培訓人次	數字 圖片		每次	934	965	987	1200	1200	1200
宣傳期數	圖片		每月	●	●	●	●	●	●
各部培訓參與率	數字		每次	90%	92%	95%	100%	100%	100%
××制度	文字		第一月	●					
××制度	文字		第一月	●					
××制度	文字		第一月	●					
××制度	文字		第二月	△	●				
樣板數	數字 圖片		第二月		●				
整改總數	數字		每次	——	160	900	800	630	50
整改實施數	數字		每月		150	879	800	630	50
整改實施率	數字		每月	——	94%	98%	100%	100%	100%
紅牌發放數	數字		每次	——			300	350	170
創意數	數字 照片		每月	——	10	30	50	120	230
得分			每月	——			73	79	85

●完成　　　　　　　△完成半數以上　　　　　　□未完成

表 10-10　5S 管理推進日誌

負責區域進度：　　　　　　　　　　　　　日期：

區域水準	不要物 基本清除	佈局合理	現場物品基 本定置規範	物品標識明晰	員工創意湧現

表 10-11　今日指導區域情況

區域：	
區域擔當者：	區域責任人：
指導主要內容記錄：	
指導中的疑問或問題：	

五、5S 活動的樣板區

這月主要的目標是使上個月確定的 5～8 個樣板區，在一週內有明顯的改觀，一個月內成為標杆，並全面展開 5S 工作。

樣板樹立目的有三點：

1. 推行組進行實踐，樹立推行信心

由於推行組剛開始時，通常覺得什麼地方都不好，什麼地方都要去整改。但因推行組的力量小，改革往往受大部份員工的不信任而受到阻力。所以，推行組的首要任務是將 5S 管理知識在自己的樣板區進行點的實踐，增加自己推行的信心，同時也讓公司全員看到實實在在的效果，從而帶動和影響週圍的區域。

2. 結合企業特點，尋找適合本企業推行的 5S 管理模式

剛剛開始的時候，因為生產特點和企業體制的不同，每個企業的推行模式 5S，往往不能馬上適應自己的企業。所以通過樣板區的建立，可以讓推行組快速找到適合本企業的 5S 管理模式。

- 214 -

3. 快速推廣

通過建立樣板區，有了實踐過程，公司的全員都可以觀看到 5S 管理效果和領導決心，而且對於員工而言，現場的變化學習來得更直接有效，模仿是快速學習的一種。

表 10-12　建立樣板區

日期	樣板區	其他區域	主導實施人員
第一週	樣板區整理整頓指導實施，進行大佈局調整	支援樣板區	推行人員
第二週	樣板區的細節改善	組織觀摩學習樣板區	推行人員
第三週	樣板區的細節改善	對 5～8 個區域指導	推行人員
第四週	標準化：對可以進行標準化的部份，以文字形式進行推廣，活學活用。	再安排另外剩餘的區域指導	推行人員

照片是直觀反映改善前後的工具，使用直觀簡單、說服力強、效果明顯，是現場有效的管理手段之一，在現場管理和很多工作中被廣泛使用。在日本企業中，數碼相機是不可缺少的一樣管理工具。

定點攝影是在現場發現問題後，以某個角度將現狀攝影備案，改善完成後，在同樣地點、同樣角度進行攝影，用於跟進和解決問題的一種方法。定點攝影運用的範圍很廣，在 5S 推行的每個時期都可以運用，也可以用於其他管理領域。

這週要做的工作是把每個樣板區進行一次全面拍攝，拍攝的時候需要包含全景拍攝、局部全景拍攝以及點的拍攝。表面的以及容易被忽視的角落都要進行拍攝。

表 10-13　樣板區的活動重點

序號	活動名稱	活動內容	備註
1	在短期內突擊進行整理	採取長期的分階段整理的方法是不明智的,必須在短時間內,對整個工廠進行一次大盤點,為對無用品的處理做準備	
2	下狠心對無用品進行處理	「做好整理工作的關鍵是廢棄的決心」,就是對那些無用品進行處理的決心	把確定的廢棄品扔掉把待定的物品分類轉移到另外的場所,待上級確定
3	快速的整頓	以工作或操作的便利性,使用的頻度、安全性、美觀等,決定物品的放置場所和方法對所有已擺放歸位的物品,要採用統一的標誌	因為時間的關係,可先採用特定的標誌方法,待下一步再研究統一的標誌方法
4	徹底的清掃	在短期內,發動全體員工進行徹底的清掃,對難點採取特殊的整理措施,對設備陳舊最好的辦法是塗上新的油漆	

拍攝完後,把每個區域的圖片輸入電腦,並分區域和改善前後以及拍攝日期進行分類保存。

馬上就要啟動了,在這之前需要製作相關的知識和方法的宣傳看板。第二期看板的主要內容應包括:5S 的基本知識、推行組織的介紹、口號、樣板區的公佈、推行八大步驟的方法介紹。

在實施過程中,要注意兩方面的問題:

1. 標識上的問題

在標識的時候，別忘記給標籤過塑，以免清潔時導致問題發生。如果是你自己製作的標籤，你可以把標籤字面貼上寬透明膠帶，再修剪下來用雙面膠貼到需標識位置。

2. 畫線上的問題

刷油漆很容易刷得大小不一，像畫漫畫一樣，在現場怎麼也感覺不到 5S 給工廠帶來的美，而是粗心的代言人。

使用膠帶的企業，往往容易出現以下幾個圖片上的問題，這些問題使企業浪費大量的膠帶。因為膠帶貼的方法不對，一個月就要重新更新一次。所以應用正確的張貼方法，每個員工都應該節約成本，維護公司的利益。

六、明確對象和責任劃分

雖然 5S 推行體制已經確立，但是一旦要將其付諸實踐，肯定會有人到推進事務局去詢問自己的職責範圍。

基本上是每個責任人負責自己所在的部門，隨著 5S 的實施，肯定會出現幾個部門同時負責一個區域的現象。

也肯定會出現沒有負責人，或者是不知道屬於那個部門管轄範圍的地方。如果有這樣的地方，就應該由使用這個地方最多的部門負責。

推進體制一旦確立，推進室或委員會就要確定各部門、小隊的職責和負責區域，製作工廠分佈圖，採用不同的顏色明確地標示出各個部門的負責範圍。

表 10-14　5S 推進的責任區域

	物件單位	負責 2		物件單位	負責 2
	資材 1		總務科	總務 1	k 科長
	資材 2			總務 2	
資材科	資材 3	t 科長	製造科	製造 1	h 科長
	資材 4			製造 2	
	資材 5			製造 3	
質量保證科	質保 1	a 科長		製造 4	
	質保 2			製造 5	
	質保 3			製造 6	
	質保 4			HIC	
	質保 5				

七、5S 推行失敗的原因

1. 高層主管不重視

高層主管不重視是企業 5S 推行失敗的主要原因。企業中高層主管如果對 5S 管理認識不深，認為 5S 就是大掃除或者安排幾個專員做就可以做好，企業便捨不得做一些投入。例如，企業平時檢查敷衍了事，客戶要來企業或說企業現場 5S 做得不好，主管就安排做一次大掃除或讓相關部門組織一下，客戶沒有要求了，主管就不管了，這樣自然做不好 5S 管理。

2. 認識不到位

這主要指的是企業員工，甚至是部份主管對 5S 管理的實施意義認識不到位。下面列出一些比較具有代表性的觀點。

(1)我們公司已做過 5S 了。

(2) 5S 就是把現場打掃乾淨。

(3) 5S 只是工廠現場的事情，與辦公室無關。

(4) 5S 可以「包治百病」。

(5) 5S 活動看不到經濟效益。

(6)工作太忙，沒有時間做 5S。

(7)我們是研究技術的，做 5S 是浪費時間。

(8)我們這個行業不可能做好 5S。

(9) 5S 活動太形式化了，看不到什麼實質效果。

(10)我們的員工素質差，實行不好 5S。

(11)我們公司業績良好，為什麼要做 5S。

(12)我們企業這麼小，實行 5S 沒什麼用。

⒀ 5S 活動推進就是 5S 檢查。

⒁ 開展 5S 活動主要靠員工自發的行動。

3. 行動表面化

現場的管理不外乎是人、機、料、法、環的管理。現場每天都在變化，異常每天都在發生，做好 5S，能夠讓現場井然有序，把異常發生率降到最低，使員工心情舒暢地工作。在某些企業裏，雖然強力推行，但是有些員工執行 5S 僅停留在表面上，有些員工甚至不清楚5S 的內容，深入瞭解其含義的更是寥寥無幾。

4. 缺乏恒心

5S 的推進是一項長期性的活動，要使推行工作持久、有效，必須加強推行過程中的控力和執行力，這樣才能確保整理、整頓、清掃、清潔、安全、素養六項內容實施到位。有些企業一開始可能很有執行5S 的熱情，但是隨著時間的推移，慢慢地冷淡了，沒有形成一種習慣，最後，5S 的推廣以逐漸消失而告終。企業如果沒有一套合理、科學的 5S 考核評價體系，是很難將 5S 活動維持和開展下去的。因此，為保持和鞏固 5S 管理的成果，企業必須堅持不懈地抓緊、抓實、抓好 5S 的推進工作。

5. 缺乏持久推行的動力

有的企業僅靠一味地考核、施加壓力來推進 5S 管理，這樣做肯定得不到長期有效的成果。企業應該在考核的基礎上建立一定的激勵機制，讓員工在享受 5S 管理帶來的工作便捷的同時，還能享受到做好 5S 管理所帶來的身心愉悅，而不是每天都只想著如何應對檢查與考核。

八、化解部門的反抗

如果要在公司內實行 5S，那麼生產廠房、事務部門以及營業部門等各個部門肯定會出現各種各樣的抵觸情緒，並且還會用一些傳統觀念來為其抵觸情緒進行辯解。我們把這些抵觸情緒總結為 12 種，命名為「12 種 5S 抵觸情緒」。

在推進 5S 的最初階段，任何工廠和公司都會出現這樣那樣的抵觸情緒，如果以這種態度推進 5S 的話，5S 或者是只停留在表面，或者馬上就會恢復到原來的狀態，我們在宣講 5S 必要性的同時，更要重視讓員工到實際工作中去實踐 5S，讓大家體會到 5S 是公司、工廠的基礎。員工有 12 種 5S 抵觸情緒的類型：

1.「現在還講整理、整頓什麼的？」

對策：在推進 5S 的時候，第一種最普遍的反對說法是：「都已經一清二楚的事現在還提它幹嗎？」「我們現在又不是小孩子了。」有人這樣說，並不意味著公司已經整理整頓得乾乾淨淨了。只是因為像對待小孩子一樣對待他們，他們感到不好意思。

5S 首先就要從打破公司裏的「不好意思」的局面開始。

2.「總經理，我豈能擔任 5S 活動的委員長？」

對策：我們可能會看到一些總經理，他們認為「不就是整理、整頓嘛，我不管也可以的」，於是把主管的位置推給了科長。這樣的主管對「整理、整頓」不屑一顧，認為「與其做那些無聊的事情，還不如管管營銷或經營方面的工作」。

經營或營銷等方面的工作確實很重要，但是，這樣的總經理卻不知道其實支撐那樣高難度的、上層工作的，正是看起來簡單至極的

5S。如果作為公司基礎的簡單的 5S 坍塌了，再高難度的經營也會隨
之坍塌。

這樣的經理當然也不明白，作為經營基礎的、看起來非常簡單的
5S，實際上是最難做到的。這要求主管首先要拋棄所謂的「主管自尊
心」。

3.「反正馬上又會髒。」

對策：自己主管的部門髒了，卻還義正詞嚴地說什麼「反正總是
要髒的」。他們認為即使打掃了，也會馬上又變髒，因此就放棄清掃。
沒有上進心的公司，出現很多劣質產品或操作錯誤、產量減少、業績
下降這樣的現象是不足為奇的。

在公司裏根除這種沒有上進心的思想是非常有必要的。

4.「即使進行整理、整頓，業績也未必就能上升。」

對策：這是在繁忙的公司裏經常能見到的一種抵觸情緒。員工們
喊著「生產產品才是我的工作」，「提高業績才是我的工作」，「設計才
是我的工作」，置身於淩亂不堪的工作場所卻視而不見。

這些人都不喜歡工作，而喜歡流著汗進行體育運動。這些人只不
過是把公司錯誤地當作健身房，每天在鍛鍊身體而已。因此，他們的
運動全都是徒勞的。他們好像不知道運動和工作是完全不同的。一定
要消除員工對公司的這種誤解，徹底地讓他們認清運動和工作的本質
區別。

5.「微不足道的小事，不必斤斤計較。」

對策：這類抵觸情緒多出現在股長、科長、部長一級的中層管理
幹部中。看到公司的地板上粘滿了油膩；他們說「這些事微不足道」；
碎片撒了滿地，他們也說「小事，小事」；事務所的角落裏灰塵堆積
很厚，他們還說：「沒關係，都是小事。」

　　與這些「微不足道的小事」相比，他們所說的「大事」，是指表面上產量的提高、業績的上升、上司的舉動。這樣的管理幹部即使看到地板上粘滿了油膩，也說「沒關係」；看到工作人員在公司吸煙也說「沒關係」；看到員工把煙頭「啪」地丟在地上也會說「沒關係」；煙頭燃起熊熊烈火，引起火災也會說「沒關係」；依此看來，似乎引起整個工廠失火而須承擔責任也沒什麼關係。

　　不懂得批評的管理幹部建立起來的是沒有管理秩序的公司。一定要切記，要徹底消除這種「管理者漠不關心」的現象。

6.「已經整理、整頓完了。」

　　對策：有人認為「整理整頓」只是稍稍地整理一下物品，重新擺放整齊就萬事大吉了。這樣的人只注重表面工夫，只重視「表面 5S」。

　　聽說總經理要到工廠視察，就匆匆忙忙把牆壁刷上潔白的塗料；聽說分公司經理要到事務所來視察，就把亂七八糟的東西收拾整齊，把歪七扭八的東西重新擺成直角的、垂直的或平行的。不追求深層次的 5S，總是做一些 5S 的皮毛工作。

　　看到粉刷得潔白的牆壁，不知情的總經理就會對這個表面上把 5S 貫徹得很徹底的分公司表揚一番：「啊，真乾淨啊。」而他們就高興得忘乎所以，再也沒有一點進步。這種徒有其表的「潔淨的工作場所」對公司一點好處都沒有。

7.「資料文件雖然亂，但是我自己清楚。」

　　對策：我們經常會看到一些工作人員，在自己的週圍把資料堆積得像小山那麼高，而他們在裏邊埋頭工作；也有的工作人員，週圍越是凌亂他就越有工作勁頭。

　　其他人看不下去，想要收拾一下，他反而會氣勢洶洶地說：「這樣工作方便，放在那兒，不要亂動。」然後又把頭埋在了資料堆裏，

他們就像居住在一個遠離標準化的世界裏一樣。誰都清楚地知道，整理那些資料和文件，是業務操作標準化的第一步。

8.「那是我 20 年以前已經做過的。」

對策：很多人認為 5S 或者是 5S 活動只是一時流行，20 年前已經推行過一次了，因此現在沒有必要再去推行。

5S 不是一種時尚，也不是一時流行。它是企業改善的土壤，也是企業生存的基礎。

有些公司或管理人員不懂得這個道理，卻傲慢得不得了，很有必要挫一下他們的銳氣。而說 5S 在 20 年前已經推行過了的人也確實口氣不小，這種人也許 20 年前洗了一次澡以後就再也沒洗過了吧。

9.「5S、改善都是生產一線的問題。」

對策：生產一線雖然正在熱火朝天地推進 5S 和改善的合理化活動，間接部門和營銷部門等卻認為 5S 和改善都是生產一線的問題，就像對待別的公司的事一樣不理不睬。因此，事務所裏的文件、票據到處亂飛也若無其事。只有 5S 在全公司範圍內展開，才能改變這種間接部門漠不關心的態度。

10.「太忙，沒有時間進行整理、打掃。」

對策：一旦工作忙起來，公司就會亂成一團。在生產一線，工具亂丟、亂放，原料到處都是；在事務所裏，資料、發票滿天飛。只有這樣的公司或工廠，才會辯解道：「呀，我們太忙了。」這樣說的人忙起來一定是不洗澡、不刷牙。我們可以認為，公司的這種辯解說明這家公司沒有進行「整理、整頓」的意識。而且，那些用一句「太忙了」來逃避一切的人，性質是最惡劣的。

11.「我討厭別人命令我。」

對策：一旦開始推行 5S，人際關係就會成為一個問題。「我們知

道 5S 有優越性，但就是不願意別人命令我幹這幹那」，這種主體意識
也會造成抵觸情緒的發生。

如果公司裏出現了感情糾葛，那麼就只能花費一定的時間逐一地
將它們理順。因此，挑選出能夠妥善地處理人際關係的人作為 5S 隊
伍的成員是最理想的。

12.「不是已經贏利了嘛，就讓我們隨便幹吧！」

對策：在已經出現贏利的公司推進 5S 和實行改善是很難走上正
軌的。如果規定把加工前的零件放在同一個箱子裏，就會有人反駁
道：「不是已經贏利了嘛，我們願意怎麼幹就怎麼幹唄。」

到最後他們還會說：「讓我們自由地幹吧！」這樣的人不知道產
品是經過多道加工程序製作而成的。在產品生產過程中，能夠使整個
工作流程流暢比重視各個工作階段的效率更重要。「只要我的這道程
序做得好就可以了」，這種「自由工廠」的思想，會打亂整個生產流
程的節奏。節奏紊亂就會導致入庫、搬運、查找過程中產生大量的無
用功。以自由的名義胡亂地進行生產，是斷然不能允許的。

九、5S 活動的宣誓

5S 推進體制和計劃全部確定下來之後，作為全公司活動的第一
步，當然一定要在全體公司員工的面前對此項活動發表宣言。

這個環節也可以通過文件下發的形式來實現，但文件形式不足以
傳達公司總經理對此項工作的熱情。

所謂 5S 宣言，不僅是宣佈 5S 活動的開始，更重要的是傳達公
司總經理對推行 5S 的「熱情」。

作為活動的開場，通常是集合全公司員工，舉行告別公司舊體制

的儀式。

實際上這也是確立 5S 迎接新體制的儀式，可以說這是比一年一度的公司成立紀念日更加莊重的日子，是迎接公司面貌煥然一新的日子。

要按照如下步驟揭開全公司推行 5S 的序幕。

步驟 1：宣佈 5S 活動的開始

推進室的負責人宣佈 5S 活動的開始。要聲音洪亮地向全體公司員工宣佈：「從現在起正式開始推行 5S，下面舉行開場儀式。」

步驟 2：在 5S 開場之際，傳達推行方針

公司總經理或者是廠長等主管在 5S 開場之際，要向全體員工傳達推行 5S 的原因，以及推行 5S 的意圖。

例 1：由於赤字而有倒閉危險的總經理宣言

「公司環境越來越嚴峻，我們公司已經連續兩三年出現赤字。經受不住廠家降價的公司，全部都面臨倒閉的危險，因此公司要生存下去的惟一出路，就是建立一個能夠經受得住考驗的體制。希望大家竭盡全力給予支持和協助，儘量在各個環節都不做無用功。那麼，為了不出現無用功，5S 就尤為重要。我作為公司總經理，會為在公司建立強健的體制而努力，同時我也真誠地希望各位積極配合。」

例 2：發展多樣化、多品種化，致使利潤不斷下降的公司總經理宣言

「回顧這幾年，我們公司的模型數量增加了十幾倍，基於這個原因，公司內部的業務也變得越來越複雜，各個部門也一直混亂不堪。顧客需求的多樣化已經成為時代的潮流，如果否認這一點，公司就不能生存下去。不但現在，今後這種多樣化也會同樣持續下去。當然，公司經營的產品也會形成多品種化的趨勢。這樣就必然會出現提高利

潤難的問題。所以，也就很有必要改變一下以前那種大量採購、大量生產、大量銷售的公司體制，建立一個能夠很好地適應多品種化的體制，這就是公司今後最大最重要的課題。於是我感到我們一定要徹底貫徹作為公司基礎的 5S，也可以說 5S 關係著公司的前途和命運。為了實現這個目標，希望大家給予支援和配合。」

例 3：規模迅速擴大，但基礎薄弱的公司總經理宣言

「從我們公司的業績看，這幾年來一直成倍增長。我認為這些都是大家共同努力的結果。但也許是由於規模迅速擴大，體制並沒有跟上，有的產品庫存時間將近兩個月，有些產品從設計到生產出來耗費時間太久。這主要是因為在廠房裏查找東西、搬運東西的時間過多。提高業績固然是很重要的，但與此相關的日常工作也是一個不容忽視的問題。因此，在考慮貫徹可以稱為業務基礎的 5S，我也會積極地參加和策劃，希望大家支持和配合。」

例 4：跟不上時代的公司總經理宣言

「我們公司的現況是依然殘留著些已經過時的、跟不上時代步伐的舊體制。這些體制扯著我們的後腿，其他公司都正在實施一些合理化策略，但我們公司卻處在一種想實施也實施不下去的狀態。我們公司與同行業的其他公司相比，各個方面都要落後幾年，這是我們不得不承認的事實。首先是就連遵守規定這麼簡單的事都不能做到。為了改變這種不健全的體制，我們準備在全公司推行 5S。我想特別是在最初階段，我們一定要通過 5S 活動，徹底開展意識改善。

進行舊的體制改善，只靠我一個人的努力是無論如何也進行不下去的。換句話說，沒有大家的努力是不可能成功的。我們一定要團結在一起，將改革貫徹到底。」

十、公司統一 5S 步調

如果對各個部門的 5S 進行評估，就一定要進行打分、排名次。對於優秀的部門要採取一些表彰措施，要使其與 5S 推行不好的部門明顯地區別開來。

行動 1：統一定義

我們已經說明了：5S 是分別取出整理、整頓、清掃、清潔、素養中的「S」組成的。

但是，同樣是整理，有的人認為是把有用的東西和沒用的東西分開，有的人認為是把沒用的東西丟掉，不盡相同；對於整頓，有人認為只是做一下標記；對於清掃、清潔、教育，如果沒有統一的定義，也會出現各種不同的理解。好不容易總結出的 5S 又會被拆得零零碎碎。

行動 2：統一意識

有的公司員工會意識到自己公司有破產的危險，具有危機感；也有的公司員工認為公司破產是沒影的事，每天都在糊裏糊塗地工作。

我們也可能看到公司無論怎麼樣推進 5S，員工還是稀裏糊塗，沒有一點成效。

在這種情況下，我們要在公司內部刊物上以及早會和晚會時報告公司情況，或在所有員工都能看到的地方張貼營銷業績趨勢，以便讓全體公司員工有同樣的危機意識和疑問意識：社會動向是怎麼樣的，我們的行業正在向什麼方向發展，客戶的觀念正在發生怎樣的變化等。

在社會動向、客戶觀念等方面越是遠離客戶的工作場所，就越沒

有危機感。危機感低的部門疑問意識也就很低，甚至連問題出在那裏都不知道。在這樣的部門裏，具有問題意識之前，應該首先具有疑問意識。

為什麼最近訂貨單減少了？為什麼最近客戶要求的交貨期限縮短了？為什麼最近計劃變更頻繁呢？為什麼最近半成品出現剩餘了呢？等等。

如果仔細地進行思考，就會發現很多有疑問的地方。

如果每個員工都有疑問意識，自然就會出現共同的問題意識，公司的全體員工也就都會持有危機意識，這樣推行5S，進步就會很快。

行動3：統一目的

在推行5S過程中非常重要的一點就是，認識到推行5S的目的。

在引入5S的初始階段，因為推行5S，公司會變得非常乾淨、整潔。但是，如果冷靜地想一想，就會發現推行5S已經成為了目的，而它本來的目的卻消失了。

作為一個關鍵環節，在制定5S計劃的時候，要將各個部門的目標用具體的數值清晰地表示出來。要把5S作為企業生存的基礎，我們只有在鞏固了它的基礎地位之後，才能把目光放得更遠。

這裏再一次提醒的就是前面列舉出的5S七大效果。①「零更換→多品種化」、②「零庫存→問題表面化」、③「零無用功→削減成本」、④「零劣質產品→保證質量」、⑤「零故障→保證生產」、⑥「零停滯→縮短交付期限」、⑦「零災害→安全第一」。

以上7大效果的綜合效果就是「零索賠→提高信譽」，希望您能認識到，這才是5S活動的本來目的。

行動4：統一標準

例如某個部門的牆壁，有的人認為它是髒的就去清掃，有的人認

為它不髒而不去清掃。這就是相互之間對於「髒」的判斷標準不一樣。

這種情況下，就需要進行客觀的判斷。在活動推行的過程中，最好把不同部門的人和 5S 巡視隊的判斷標準統一為同一個標準。

「我是部長，只負責指導整理和整頓。」

「我的辦公桌文件很多，有些亂也是可以諒解的。」

肯定會出現這麼說的管理層幹部。但是實行 5S 是不分一般的公司員工、管理層幹部或者總經理的。全體人員都要有同一個意識，同一個目的，站在同一個立場實行 5S，實質上這就是「三現主義」。

在總經理或者是 5S 巡視隊的巡視過程中，總經理要親自拿一塊抹布，去擦那些髒了的地方。這樣一來，部長就不能不拿起抹布，全體員工也會看到總經理在一線身先士卒。

行動 5：統一活動

推行 5S 活動的時候，紅色標籤戰也好，一分鐘 5S 也好，都要在全體人員都在場的時候進行。「今天我很忙啊，我的那份下次再做吧」，也許會有人這麼說。但下次是什麼時候呢？如果總是說下次，下次那一份到什麼時候做呢？

相反，有位認真的科長，從早上到深夜，為了 5S 活動竭盡全力。這樣確實不錯，週圍的人認為科長一個人就能把所有的事情幹好。但是科長剛剛整理過，員工又都弄亂了。因為自己沒有辛辛苦苦地去整理、整頓，所以不知道整理、整頓的艱辛，最後，辛苦的只有科長。

科長身先士卒固然好，同時也必須要求其他員工一起參加活動，一起流汗，集全體員工的智慧，這樣才能通過 5S 活動創建一個氣氛活躍的工作環境。

第 *11* 章

5S 活動的推進工具

一、標誌牌作戰

1. 標誌牌作戰的定義

標誌牌作戰就是明確標示出所需要的東西放在那裏(場所)、什麼東西(名稱)、有多少(數量)等,讓任何人都能夠一目了然的一種整頓。日本著名的生產管理專家把這種推行方法稱之為「視線整頓」。

2. 標誌牌作戰的目的

經過紅牌作戰後,現場只剩下必需的物品,標誌牌作戰的目的就是對這些物品重新地進行佈局,把它們放在最適宜的地方,使人們能夠一目了然地就知道物品的現狀。例如,讓人們一看就知道辦公用品在那個貨架上,五金電器有那些種類,等等。

3. 標誌牌作戰的對象

標誌牌作戰主要對像是針對庫存物品和機器設備。圖 11-1 給出了標誌牌作戰的全部內容。

圖 11-1　標誌牌作戰的全部內容

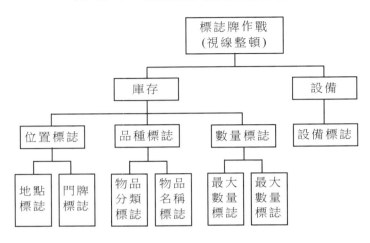

值得注意的是，標誌牌作戰是以現場工作必需的物品為中心的。因此，在實施 5S 過程中，標誌作牌戰和紅牌作戰應同時進行，這樣可取得事半功倍的效果。

4.標誌牌作戰的實施步驟

⑴確定放置區域

紅牌作戰結束後，物品變少了，場地變寬敞了，這就需要對一些產品的生產技術流程進行相應的改進；對現有的機器設備進行重新調整；對物品的放置區域進行重新規劃等等。而且要將必需的物品合理地佈置在新的區域內。

此時，要把使用頻率高的物品儘量放置在離工作現場較近的地方或操作人員視線範圍內；使用頻率低的物品放置在離工作現場較遠的地方。另外，把易於搬動的物品放在肩部和腰部之間的位置；重的物品放置在貨架的下方；不常用的物品和小的物品放在貨架的上方。

(2)整頓放置區域

確定了放置區域後，接下來就是要把經過整理後的必需物品，放置到規定的區域和位置，或擺放到貨架上、箱子裏和容器內。在擺放過程中，要注意不要將不同的品種和同一品種的物品重迭地堆放在一起：不同的品種物品堆放在一起，在取拿 A 物品時，需要移動堆在上面的物品，取拿非常地不便；相同的品種物品堆放在一起，導致後放進去的物品先取出來使用，先放進去的物品一直壓在下面，無法使用，最後造成變質、生銹、報廢，帶來不必要的損失。

(3)位置標誌

當我們問「把物品放在那裏？」或者「物品在那裏？」時，這個「那裏」可用「位置標誌」或者「區域編號」來表達。如某物品在 A 區；某物品在成品區等等。

位置的標示方法主要有兩種：

①垂吊式標誌牌

垂吊式標誌牌適用於大型倉庫的分類片區、鋼架或框架結構的建築物，標誌牌吊掛在天花板或者橫樑下。

②門牌式標識牌

這種標識牌適用於貨架、櫃子等的位置標示。貨架或櫃子的位置標識包括：表示所在位置的地點標識、表示橫向位置的標識和表示縱向位置的標識。需要注意的是，縱向位置的標識要從上到下用 1、2、3 來表示。如果從下向上用 1、2、3 來表示，就有可能堆出「房頂」來，形成第 4 層、第 5 層……直到碰到天花板。因此，為了防止過多地增加，要從上向下進行表示，並且不要使用 0。此外，表示貨架或櫃子的所在地點位置的牌子應與架子或櫃子的側面垂直，這樣站在通道上就可看到牌子上所標示的內容。如果張貼在貨架的端面，那麼只

有走到牌子跟前才能看清，這樣效果就大打折扣。

在此例中，貨架上的 K_{11}、K_{12}、K_{13}…是所在地點位置的標識；貨架上橫向的 A、B、C、…是橫向位置標識：1、2、3…是縱向位置標識；K_{10}-A-1 就是 K_{10} 貨架橫 A 縱 1 位置。

(4)品種標誌

一個倉庫裏往往放有很多不同品種的物品，即便是物品的品種相同，但規格也是各有不同，如何在位置區域確定之後來進行區分呢？這就要進行品種標誌，也稱之為「品種標識」。品種標誌分為物品分類標誌和物品名稱標誌兩種：

① 物品分類標誌

按貨架上放置物品的類別來進行標示，如軸承類、螺絲類、辦公用品類等。標示牌可貼(掛)在貨架的端面和放在貨架的上方。

② 物品名稱標誌

物品的名稱標誌可貼在放置物品的容器上或貨架的橫欄上。名稱標誌(標籤)的內容通常。對一些放置在區域內的大宗物品，可採用立式移動標示牌進行標示。

(5)數量標誌

如果不規定庫存的數量，就會使庫存數量不斷地增加，造成積壓。影響資金週轉。限制庫存最好的辦法就是要根據生產計劃來採購物品，留有合理的庫存。合理的庫存可通過顏色整頓的方法來進行：規定用紅色表示最大庫存量。綠色為訂貨庫存量，黃色為最小庫存量。當到達綠線時，倉管員可立即通知採購，這樣就可一目了然了。

5. 設備標誌

現代工業生產離不開設備，因此，設備的運轉好壞，直接影響生產的正常運行和企業的經濟效益。設備標示是設備管理的有效方法之

一，其標示對象和方法主要有以下幾種：設備名稱標示、液體類別標示、給油缸液面標誌、點檢部位的標記、旋轉方向標誌、壓力錶正常異常標誌、流向標誌、閥門開閉標誌、溫度標誌、點檢線路標誌、使用狀態標誌等。

6. 人員識別管理

現場中有工種、職務、資格及非熟練員工等幾種類型，規模越大的企業越複雜，越需要進行人員的識別，便於工作展開。一般可以通過衣帽顏色、肩章或襟章及醒目的標誌牌來區別。

①工種識別：

對於工種，一般的顏色管理含義如下：

白色衣服：辦公室職員；　藍色衣服：生產員工；

綠色衣服：質檢人員；　紅色衣服：維修人員。

②職務識別：

無肩章：普通員工；

一杠：組長；　二杠：班長；　三杠：科長；

四杠：部長；　五杠：廠長。

③熟練度識別：

紅牌：培訓中員工；　黃牌：非熟練工；

白牌：熟練工人；　綠牌：技術工人。

二、定點攝影作戰

1. 定點攝影的定義

所謂定點攝影，是指在5S活動中對問題點持續改善過程中的狀況進行拍照，以便清晰地對比改善過程中的狀況，讓員工知道改善的

進度和改善效果。

2. 定點攝影的要求

⑴攝影者應選擇同一地點,同一方向和高度對準存在問題的場所進行連續拍攝。否則,照片就不能反映前後改善的情況;

⑵有條件最好選用數碼相機,便於進行編輯處理。

3. 定點攝影的作用

將持續改善過程中的照片放在一起進行對比,並加以歸納說明,製成看板的形式放在廚窗裏進行展示,以增強實施改善的員工的成就感。亦可以做成幻燈片的形式,定期展示出來給大家觀賞、交流,不斷提高改善方法和技巧。

三、尋寶活動

1. 尋寶活動的定義

尋寶活動是 5S 推行過程中的一種趣味性的整理手法。說它是「寶」,大概是指它在 5S 活動過程中沒有被即時發現的無用物品或者是物品因某種原因暫時被現場人員藏在某個角落,在整理階段沒有被發現,現在要通過尋寶活動的方法把它「顯現」出來。

2. 開展尋寶活動的意義

⑴尋寶活動是專門針對場所裏的一些死角、容易被人們忽視的地方來進行的整理活動,因而目的明確,針對性強,容易取得實效,從而實現場所的「徹底 5S」例如倉庫的閣樓裏還存有大量的未整理的物品。

⑵因為是趣味性活動,所以員工的參與度高。如果在活動過程中增加一些創意,如對尋到「寶」的部門和個人,可根據成績的大小,

頒發相應的紀念品和榮譽證書等。

⑶打破部門、區域的界限，可以跨部門、跨區域去尋「寶」，從第三者的角度來看待物品的去留，因而可毫無顧忌地發現問題。

3. 尋寶活動的實施步驟

⑴制定實施計劃

實施計劃由企業 5S 推行委員會組織制定，辦公室或者文化辦給予配合。計劃應包括目的、範圍以及活動要求、獎勵辦法等。實施計劃經推委會主任委員批准後，要在企業的相關會議、內部局域網、宣傳欄等進行傳達、溝通和宣傳，以營造活動的氣氛。

⑵對清理出的物品要進行記錄

對尋寶活動清理出的物品，要按部門或區域統一集中到一個地方，同時要做好以下幾點：

用數碼相機對擬清理出物品進行拍照，以記錄物品的現有狀態；對清理出的物品進行分類，並列出清單。清單中應對物品的出處、數量進行記錄，並提出處理意見，按程序報相關部門審核批准；所清理出的物品要經使用部門確認，應是確實不需要的。

⑶對清理出的物品進行評價，確定處理辦法

對清理出的物品，推委會應組織相關部門進行評價，確定處理辦法。處理辦法包括以下幾種：對確實無用的物品應予以報廢；本部門不需要，其他部門需要的，應予以調劑；對積壓的產品，應儘量與原生產廠家進行協商調劑，或降價出售給其他廠家；機械設備可作二手產品降價出售；工裝、模具應儘量改作他用，無使用價值的，當廢品出售；對易造成環境污染的不用物品，應交有資質處理的單位處理，防止發生環境污染。

表 11-1　不用物品處理統計記錄表

部門：　　　　　　　　　　　　　　　　　　　　　　　年　　月　　日

物品名稱	規格型號	單位	數量	處理原因	所在部門意見	推委會意見	備註

　製表：　　　　　　　　　審核：　　　　　　　　　批准：

(4)總結表彰

　　活動結束後，各部門要將活動所取得的成績上報 5S 推行委員會，推委會要對活動的成效進行評估，總結好的經驗，提出改進建議，對活動中表現好的部門和個人要給予表彰和獎勵。

四、污染源對策作戰

　　所謂污染源是指對環境和設備造成污染的污染物及污染物的出處，包括液體洩漏、工業粉塵、有毒氣體、噪音、振動等產生的場所，或導致問題產生的直接原因。

1. 調查污染發生源

　　首先，調查現場是否有油、蒸汽、水滴漏；粉塵污染和有毒、有害氣體散發，噪音、振動等是否超標。其次要查明發生的原因。

2. 對策方案

　　對策方案主要從兩方面來考慮：

(1)使污染源不再產生污染的方法

套絲機在進行套絲工作時，需加機油進行潤滑，以減少切削阻力，但往往在工作時有油污滴落到地面，造成環境污染。改善後在套絲機下面加一個不銹鋼託盤，這樣就可避免油滴落到地面上，減少污染，並且可回收再利用。

(2)收集和排除的方法

如粉塵可通過改造吸塵裝置加以改進，各種氣體可通過排風裝置加以排除。

3.改善的實施

對污染發生源進行改善。

(1)有毒有害物質的改善

①技術措施

· 採用無毒物質代替有毒物質。或以低毒物質代替高毒物質的技術措施。

· 採取改變技術過程，消除或減少有害物質的散發，保護員工的身心健康。

②設備技術措施

· 採用密閉的生產設備可以防止有毒氣體和有害粉塵外逸，使人體免收損害。

· 增設通風設備能消除或減少作業環境中有害物質對人體的危害，在塵毒物質無法完全消除或封閉的情況下，應根據工作場所的條件分別採取自然通風或機械通風設備措施。

③個體防護措施

在生產技術條件有限即對有害物質無法從技術、設備措施上加以控制時，為保證員工的身體不受損害，往往要採取個體防護這一輔助

性措施。所謂個體防護指員工在工作現場中佩戴使用各種防護器具，防止外界有害物質侵入危害人體。根據有害物質主要通過呼吸道和皮膚侵入人體這一特點，常用的個體防護器有防塵（毒）口罩、防塵（毒）面具、空（氧）氣呼吸器等。

(2)降低噪音的改善

控制和預防噪音的危害首先應從消除或控制噪音源和在雜訊傳播途徑上降低雜訊強度入手。如對設備進行技術改造，更換噪音源大的設備等。對於從聲源及傳播途徑上無法消除或控制的雜訊，則需要在雜訊接收點進行個體防護。常用的個體防護辦法是：讓員工在耳孔裏塞上防聲棉或佩戴防噪耳塞、頭盔等防雜訊護具。

4.效果的確認

確認污染是否確實不再發生。

五、3U-MEMO 法

1. 3U-MEMO 的定義

在工作現場有很多不合理和問題點，歸納起來就是 3U：unreasonableness（不合理）, unevenness（不均勻）, uselessness（浪費和無效）。為了彌補人類健忘的毛病，使這些問題顯現化而採取的改善方法，稱之為 3U-MEMO。

(1)不合理(Unreasonableness)

凡是工作現場實際運行狀況高於或大於正常運行狀況，就是不合理。例如，生產線的車速為 100m/min，但為了抓進度,把車速提高到 150m/min，這樣一來，生產線上機台肯定會損壞，造成停機事故，這是不合理帶來的危害。

(2)不均勻(Unevenness)

現場實際狀況忽大忽小或忽高忽低於現場的正常狀況，就是不均勻。例如，同一規格的產品的厚度忽厚忽薄、尺寸忽大忽小，產品的品質非常不穩定，報廢率高，這就是不均勻。

(3)浪費和無效(Uselessness)

凡是現場實際狀況小於或低於現場應有狀況，就是浪費和無效。例如，生產線的車速為 100m/min，但員工由於操作不熟練，或因使用的原料不符合要求，只能將車速開到 80m/min，無法達到正常的要求，不僅影響了產量，而且浪費資源。這就是浪費和無效。

2. 3U-MEMO 的運用

發現 3U 一定要記下來，否則，好不容易發現的問題和隱患，會因時間久和工作忙而忘記。

表 11-2　問題發現/改善(3U-MEMO)記錄表

_____目不轉睛地觀察 5 分鐘，發現問題立即填寫　　　編號：

部門		姓名		日期	
觀察對象					
著眼點：□不合理　　□不均勻　　□浪費					
問題描述：			改善前：		
改善對策：			改善後：		
改善成果效益：			5S 推行委員會審核結論：		

六、定置管理作戰

1. 定置管理的含義

定置管理主要是研究作為生產過程主要因素人、物、場所之間的相互關係。通過調整生產現場物品擺放位置、處理好人與物、人與場所、物與場所的關係。通過整理(1S)，清除與生產現場無關的物品，通過整頓(2S)，把現場需要的物品擺在合理的位置上，實現生產現場科學化、有序化。定置管理是 5S 活動的深化和發展。

2. 基本原理

在生產場所、人與物結合才能構成生產活動。歸納起來，人與物的結合可處於三種狀態：

①狀態：人與物處於能夠立即結合的狀態。

②狀態：人與物處於經過尋找才能結合的狀態，即尚不能很好地發揮效能的狀態。

③狀態：人與物處於沒有聯繫的狀態。處於此狀態的物品，已與生產無關，不需要人與之結合。

定置管理就是要通過相應的設計和處置，消除③狀態，將②狀態改進成①狀態，並長久保持。

3. 定置管理的基本形式

(1)固定位置

對於生產現場中週期性的回歸原位，多次重覆使用的物品、工具、檢測器具、運輸機械等，要求場所固定、物品存放位置固定、物品資訊媒介固定。

(2)自由位置

對於那些在生產現場中不回歸、不重覆使用的物品,如原材料、毛坯、零件、產成本等,只要求放置於相對固定的區域,而在區域內的具體位置,可根據具體生產情況和工規律確定。

4.定置管理推進程序

推行定置管理,一般經過五個步驟:

(1)調查

對現場現狀進行調查,調查的主要內容是生產現場中人—機聯繫規律、物流管理、作業面積和空間利用情況,原材料、在製品管理情況,工具配備和使用情況,物品擺放和搬運情況,品質、安全、消耗和設備運轉情況等。通過調查,找出問題的側重點,明確定管理的方向。

(2)分析

利用工業工程的方法,對人物接合、物流及搬運、現場資訊流、技術路線、技術方法、現場利用等情況進行分析,提出改善現狀的方法。日本物流界從工業工程的觀點出發,總結出改善現場作業效率的「六不改善法」,具體內容如下:

①不讓等——閒置時間為零,即通過合理安排流程和工作量使人員和設備能連續工作,不發生閒置現象。

②不讓碰——與物品接觸為零,即通過利用先進的設備進行物品裝卸、搬運、分揀作業時儘量不直接接觸物品,以減輕工作強度。

③不讓動——縮短移動距離和次數,即通過優化倉庫內物品放置位置和採用自動化搬運工具,減少物品和人員的移動距離和次數。

④不讓想——操作簡便,即按照專業化、簡單化和標準化原則進行分解工作流程,使操作簡便化。

⑤不讓找──整理整頓，即通過現場管理，使工作現場的工具和物品放置在一目了的地方。

⑥不讓寫──無紙化，即通過應用條碼技術、資訊技術等，使作業記錄自動化。

(3)設計

在調查、分析的基礎上，進行定置管理設計。其內容包括兩個方面：

一是各類場地(廠區、工廠、倉庫)及各種物品(機台、箱櫃、工具等)的定置計。表現為各類定置圖。

二是資訊媒體的設計。如各種區域、通道、流動器具擺放位置標誌；各種料架、工箱、櫃、器具物品的結構和編號設計；台賬、卡片標準設計等。

(4)實施

按照設計的要求，將現場的物品、機械、環境進行科學的整理和整頓，將所有的物品定位。要求有圖必有物，有物必有區，有區必有牌，按區分類存放。按圖定置，圖物相符，賬卡一致。

(5)考核

為鞏固定置管理成果和不斷深入推行，須組織定期檢查和考核。檢查實行定置的範圍。基本指標是定置率。

$$定置率 = \frac{實際定置物品的件數(或種類)}{按設計規定應定置件數(或種類)} \times 100\%$$

檢查實行定置的品質。即是否按規定的標準，嚴格、全面地達到定置標準的要求。

七、紅牌作戰

在 5S 活動推行過程中，紅牌檢查是重要的工具之一。通過紅牌作戰，能讓全員瞭解問題點之所在，喚起大家的改善意識。

1. 紅牌作戰的方法

5S 推行委員會在工作現場巡迴診斷時，依一定的基準判斷出違反 5S 規則的情形及不符合的項目時，就在其上面分別貼上紅牌，並填寫表單編號、所屬單位、紅牌張貼理由及內容等。凡被貼上紅牌的物品，責任部門主管必須自行檢討，並將處理結果向紅牌張貼者報告。

2. 紅牌作戰的對象

⑴經整理後不要的物品貼上紅牌。

⑵需要改善的事、地、物以紅牌標示。

⑶有油污、不清潔的設備貼上紅牌。

⑷衛生死角張貼紅牌。

表 11-3　紅牌表單

責任單位：　　　　　　　　　　　　　　　　　編號：

區分　　項目	□物料　　□牆壁	□產品　　□辦公桌	□電氣　　□文件	□作業台　　□檔案	□機器　　□窗台	□地面
紅牌原因						
判定人						
處理方法：　　　　　　　　　　　　　　　　　責任人：						
處理結果：　　　　　　　　　　　　　　　　　確認者：						

表 11-4　紅牌作戰記錄追蹤表

區域：＿＿＿＿＿　　責任人：＿＿＿＿＿　　檢查人：＿＿＿＿＿

3.紅牌張貼的標準

⑴物品用途不明。

⑵物品劣化、變質、不良。

⑶髒汙、不清潔的物品。

4.進行紅牌作戰的六步驟

第一步：制訂紅牌作戰實施方案

　　紅牌作戰的實施方案通常由 5S 推進部門制訂，主要包括檢查標準、檢查人員、檢查時間以及實施過程中的注意事項等。

　　紅牌作戰時，檢查人員主要由 5S 推進委員會成員組成。一般每 3 人 1 組，其中一人負責掛牌，一人負責拍照，另一人負責記錄。

第二步：紅牌製作與物品準備

　　除了準備好紅牌之外，還要準備好粘貼用的材料、筆、紅牌發行記錄表、墊板等。

第三步：現場檢查，張貼紅牌

　　對於工作現場中確定掛紅牌的物品和對象，確認後張貼或懸掛在物品的顯著位置上。

如果出現異議則進行協商、表決，採用 3 人小組中少數服從多數的原則，決定對某事物是否掛紅牌。

第四步：進行整改

對於掛上紅牌的物品，應給予明確的處理方法：某一件產品，對於整個產品來講它也許失去了使用價值，但裏也許可以拆分使用，所以在處理時要給予明確說明，如：重新檢驗入庫、改作他用或降級使用、變賣等。

進行整改時，首先要把物品放在工廠待處理區，也被稱作紅牌區，然後再進行處理。要注意連物品帶紅牌一起放在紅牌區，紅牌不要摘下。

第五步：覆查、評估

生產現場改善完成之後，檢查小組要重回現場進行覆查、確認，評估整改效果。

對已解決的問題，由檢查人員經過確認後從現場摘下「紅牌」，並將紅牌收回，發出多少收回多少，一個都不能少。

第六步：總結

每次對發出的紅牌都要按部門或區域進行記錄和統計，整改結束後要及時記錄和統計整改情況，並召開有關會議，對紅牌作戰中所檢查出的問題進行總結。這樣就完成了紅牌作戰的閉環管理。紅牌作戰的總結會應在整改完成後 1～2 日內舉行，時間不能拖延太長，以免影響會議效果。

對於檢查結果和整改結果還要在管理看板等處予以公佈。

5. 瞭解紅牌作戰的注意事項

⑴整理階段剛開始時不進行。如果在 5S 活動剛開始就實施紅牌作戰，那麼容易發現大批問題，紅牌將貼得「江山一片紅」，這樣一

來，大家的改善積極性有可能會遭到打擊。

所以，紅牌作戰要在 5S 管理活動的中後期進行，中期每個月一次，後期每三個月一次。隨著現場問題的越來越少，可以逐步減少紅牌作戰次數，改以普通的整理檢查代替。

⑵檢查要嚴格。用挑剔的眼光看，鐵面無私地貼。要毫不留情，不要顧及面子。如果有猶豫，請貼上紅牌。

在嚴格的同時，掛紅牌時理由也要充分，要說明掛紅牌的原因，便於整改。

⑶紅牌要掛在引人注目的地方。

⑷小問題不掛紅牌。現場有許多問題是不掛紅牌的，例如：垃圾、廢舊手套、設備少許灰塵、地上少許水漬等可以馬上整改的，不掛紅牌。

紅牌只針對相對較大的問題，需要一定的時間進行整改甚至需要討論整改方案的。

這也是為什麼不在整理、整頓初期進行紅牌作戰的原因之一。在初期，許多小的問題沒有解決，要麼掛滿紅牌，要麼對是否掛紅牌無所適從。

八、顏色管理法

視覺化的顏色管理就是運用人們對色彩的分辨能力和聯想能力，將複雜的標識問題，簡化成不同色彩，便於一目了然。例如：

對於模具、膠水、油類、管線等可利用不同的顏色來加以識別、區分，易於辨識，防止誤用，使員工在最短的時間找到自己所需要的東西來完成工作；在保管架上把各種油種用顏色區分標識，減少整理

整頓及尋找的時間浪費，避免油種的混雜，提高注油的效率。

顏色是視覺化的基礎，在生產現場的主要應用包括區域、產品、人員區分等。

1. 區域標識

在空間規劃上，可使用各種顏色來作適當的標識。

⑴黃線：一般通道線，只允許相關人員進入的區域，例如機器邊。

⑵紅線：線內放置不合格品。

⑶紅白斑馬線：線內禁放任何物品。如配電箱、滅火器前面禁放任何物品。

⑷黃黑斑馬線：用於危險地點警示，如小心觸電、小心碰頭、小心機械移動等。

2. 物品種類與品質標識

在工廠，通過不同顏色的週轉箱來代表不同產品的作業狀態或品質狀態。可以規定藍色箱裝待加工品、紅色箱裝不合格品、綠色箱裝合格品、黃色箱裝尾數。這樣既減少了尋找時間，又不容易混淆合格品與不合格品。

還可以通過不同顏色的標籤標明產品品質狀態，貼白色標籤的物品表示等待檢查，貼紅色標籤的物品表示不合格，貼綠色標籤的物品表示合格，貼黃色標籤的物品表示有品質爭議。這樣通過膠帶顏色深淺即可判斷出物品狀況。

3. 文件管理

使用各種不同顏色的卷宗來識別文件資料，提高文書處理的作業效率。例如：紅色代表 A 客戶，黃色代表 B 客戶，藍色代表 C 客戶等。

4. 人員識別

通過不同顏色的衣服、帽子來識別不同工種和職位的人員，規模

越大的公司，越需要進行人員識別，便於工作展開。

如：戴紅帽子的為班組長；戴藍帽子的為普通員工；戴黃色帽子的為品管人員；戴綠色帽子的為倉庫人員或送料人員。

5. 限度標識

對於溫度錶、壓力錶、重量、速度等，進行上下限標識。如果指標對準綠色區域代表正常，指標對準紅色區域則代表異常，這樣，原來需要查資料才能判斷是否異常或不合格的操作，現在變成只要看一下指標和標識就可以知道。

九、目視管理的實施技巧

只用眼睛一看，就能區分出正常或異常的管理方式稱為「一目了然」管理戰術。由於眼睛一看就能區分正常和異常，所以所有從業人員和作業人員都能參加管理，而且，還可以激發提高管理水準的熱情。

例如，將鋼鋸、螺絲刀、鐵錘等工具的外形在板子上描繪出來，在該位置放置外形與之相當的工具，這樣的工具板可以防止工具的丟失。而且還可以簡單地檢查出工具是否生銹或出現其他缺點。這就是一目了然管理戰術的一種，是 5S 活動的一種方法。

目視管理的技巧運用範圍相當廣泛，在工廠內使用較多的如顏色管理、管理圖表、劃線標記、看板、示範板等。它通過最簡當的標示減少管理的依存度，既提高工作效率，又不容易出錯。

運用顏色管理是目視管理中經常運用的技巧，通過不同的顏色刺激人的視覺，提醒、警示員工注意自身工作，達成管理的目的。工廠內經常運用顏色管理的方法，例如：

1. 進料管制

⑴物料貼示綠色合格標籤，表明來料品質優良。

⑵物料貼示黃色待處理標籤，表明來料品質有潛在不良。

⑶物料貼示紅色退貨標籤，表明來料品質不良。

2. 生產進度交期控制

⑴生產進度表中，綠色線條表示達成預定交期。

⑵生產進度表中，紅色線條表示已超出客戶要求交期。

⑶生產進度表中，黃色線條表示已延遲但能滿足客戶要求交期。

3. 物料先進先出管制

⑴物料識別卡上，綠色條碼表示上月進貨。

⑵物料識別卡上，黃色條碼表示當月進貨。

⑶物料識別卡上，紅色條碼表示已超出使用期限。

4. 人員識別

工廠不同級別的員工、職員、主管等，用不同顏色的廠牌、廠服進行識別。

表 11-5　目視管理的工具

編號	名稱	備註
1	紅牌	區別要與不要的物品。
2	看板	物品定量定位標示。
3	劃線標示	現場物料、半成品、成品放置區域標示。
4	紅線	物品最大、最小庫存標示。
5	警示燈	用於將工廠內異常情形通知管理者或監督者的指示燈。
6	告示板	為了遵守 JIT 而使用的道具，可分為取用告示板及在製品告示板。
7	生產管理板	生產線的最前面標示看板，在板上填寫生產實績、工作狀況、停止原因等。
8	作業標準書	將人、機械有效地組合起來，以決定工作方法表。按生產線別揭示。
9	不良樣本的示範	為了讓作業員瞭解不良品，將不良品擺放出來。

表 11-6　目視管理的應用

範圍	實施方法	要　點	工　具
物料目視管理	分類標誌及用顏色區分	明確物料的名稱及用途	①畫線，用油漆塗色 ②最大最小值標誌、極限標誌 ③數量和購買點標誌 ④狀態標誌 ⑤標誌牌
	採用有顏色的區域線及標誌加以區分	決定物料的放置場所，容易判斷	
	先進廠的物料擺放在最方便拿取的位置	規劃放置區域，實施定置管理，確保物料先進先出	
	標誌出最大庫存、安全庫存、下單線，明確下一次下單數量	決定合理的採購數量，儘量只保留安全庫存，且防止斷貨	
	標明物料的編號、品名、數量、下道工序、存放位置編號等信息	使用物料傳票	
設備目視管理	使用不同顏色區別加油標貼、管道和閥門	清楚明瞭地標示出應進行維護保養的部位	①畫線、油漆塗色 ②看板標誌 ③設備點檢表 ④指示燈 ⑤指示牌
	在發動機、泵上使用溫度感應標貼或溫度感應油漆	能迅速發現異常	
	在旁邊設置連通玻璃管、小飄帶、小風車等	明確是否正常供給、運轉是否正常	
	設備的驅動部份，儘量使其容易被「看見」	在各類蓋板的極小化、透明化上下工夫	
	用顏色表示出設備運行狀態、範圍等，例如，綠色為正常，紅色表示故障等	標示出設備儀器的正常或異常情況、範圍、管理界限等	
	揭示出應有的週期、速度等	設備是否按要求的性能、速度在運轉	
品質目視管理	合格與不合格品分開放置，用顏色加以區分，類似品採用顏色區分	防止因人的失誤導致的品質問題	①畫上分界線 ②用油漆塗色 ③文字標示 ④分色或使用道具 ⑤QC工具看板 ⑥品質狀況看板
	重要項目懸掛比較圖和採用「作業指導書」的形式，形象說明其要點	使重要管理項目一目了然	
	採用上下限的樣板判定方法，防止人為失誤	能正確進行判斷	
現場管理	場所標誌、區域劃分、提示物整頓、規範化管理	趣味命名、畫線、格式和高度的統一、提示物認可制	
環境管理	垃圾回收管理、環境美化、節能降耗提示、保持環境衛生提示	分色、分類、文字提示等	

十、VM 法的實施技巧

所謂 VM(Visual Motivation)法就是充分利用照片、幻燈片和 VTR 手段的 5S 活動改善的推行方法。通常，即使是熟悉的工作場所，在照片上看來也會感到比較新鮮，並對自己平常熟悉的場所居然有這麼多問題感到吃驚。VM 法可以說是利用「擺脫習慣，用第三者的眼光」的方法。

1. 認識現狀

首先，從認識現狀開始。抓住工作事故統計和改善提案中實際業績的數字，從中著手將會比較容易。也可以從某個或某處最緊急的問題、品質或成本問題入手。

2. 決定 VM 法導入方針

首先，幹部接受講習，認真學習「什麼是 VM 法」，決定 VM 法導入方針。

3. 試行

以幹部為中心試行 VM 法。設定一個模範工作場所會收到更好的效果。但是，這裏的模範工作場所也算不上真正的「模範工作場所」，反而更具有「試驗工作場所」的意義。

4. 組成小組，進行教育

在實施前必須做好踏實的準備工作。有效利用 QC 小組等尋求自主改善的小團體，或者組成新的 VM 小組，進行 VM 法的教育。

5. 攝影

對出現問題的地方拍下照片。在這樣的情況下，要選用附有日期的照相機，選用高敏感度(ISO400)的彩色膠捲。要避免拍攝會涉及公

司機密。

6. 開展覽會

到公司指定的沖洗店沖洗照片，將照片貼在相冊裏，在展覽會上傳閱，公佈出來讓大家參觀。也可以召集公司員工，用幻燈片或 VTR 展示照片。

7. 展開討論

在大家參觀的同時，讓每個人對此現象進行思考。在全體人員參加的前提下，在輕鬆的氣氛中進行充分的討論。這對以後提出改善方案會引發催化作用。

8. 改善的實施

全體人員提出建議後，讓大家參與改善工作。需要資金購買的東西必須編列必要的預算。這是負責人的一項重要工作。

9. 報告

改善結束後，將「改善前」與「改善後」的照片進行比較和對照，由幹部對其結果進行評估。評估結束後，向上層管理人員報告改善成果。如果還有繼續改善的必要，重新認識步驟5.，並重覆步驟5.到9.。

十一、佈告牌戰術的實施技巧

佈告牌戰術是對庫存品和機械設備等進行整頓的方法。

1. 庫存品

以明確指出何處有何物品，有多少物品為目標。如果按照這樣的方法，那麼即使是三天前才進入公司的兼職員工也能清楚所需要的東西放在那裏。在制定規定時不能以熟練員工為基準。

因為熟練員工即使不看庫存表，也知道什麼地方放了多少什麼物

品，但企業並不只是由熟練員工組成的，相反地，工作崗位上「外行」倒是佔多數。因此，製作連「外行」人也不會犯錯誤的標誌是相當重要的。關於庫存品，要標誌出以下三個項目（見圖 11-2）。

　・何處（場所的標誌）
　　場所標誌、號碼標誌
　・何物（項目標誌）
　　工具架項目標誌、物品項目標誌
　・多少（數量標誌）

圖 11-2　工具架的標誌（例）

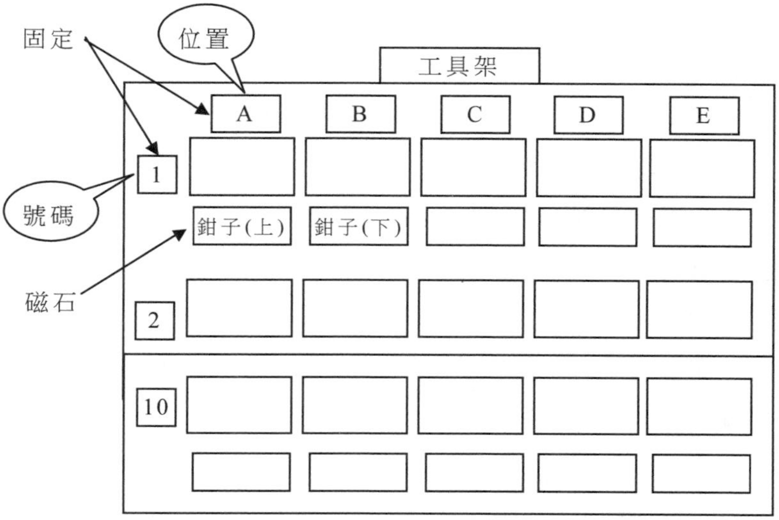

2. 機械設備

　　以明確指出該機械設備的用途，由誰使用為目標。機械設備是價值很高的東西，其運轉率高低影響著企業的收益。對機械設備為何閒置，閒置設備的狀態是否正常等進行管理時，利用佈告牌戰術可以收到很好的效果。

· 為何目的（工程名稱）

· 誰負責（負責人姓名）

· 設備年齡（購入日期）

3. 不合格產品

以能立即發現不合格產品的內容和數量進行處理為目標，將不合格產品放入紅箱內。所謂紅箱就是，在工作場所內準備好能放置工程項目，或作業場所內所處理零件和產品大小的箱子，將箱子塗成紅色（用紅漆塗紅）。箱子的襯質可以選用塑膠、紙或木材。將紅箱放在操作人員的前面或者旁邊。操作人員將操作前或操作中發現的不合格產品放入紅箱內，繼續操作。監督人員立刻對不合格產品進行檢查並做出處理決定。

紅箱通常用於電器、家電、辦公器材等產品的裝配過程中。採取這種方法，可以事先剔除不合格產品，根據積累的經驗分辨出在操作過程出現的操作失誤，由操作人員將不合格產品淘汰出來，就不會引起操作障礙，在沒有不合格產品產生途徑的條件下，有助於維持工作崗位的生產能力和品質管理。在運用這個方法中，最關鍵的是監督人員應儘早處理。若處理過遲，紅箱內的不合格產品堆積如山，其生產效率（單位時間內的生產量）也會降低。

十二、看板管理

看板管理就是把希望管理的項目，透過各類管理板加以顯示出來，使管理狀況令眾人皆知的管理方法。

看板管理是一流現場管理的重要組成部份，是給企業內部營造競爭氣氛，提高管理透明度之非常重要的手段。

1. 看板管理的作用

(1) 傳遞情報，統一認識

- 現場工作人員眾多，將情報逐個傳遞或集中在一起講解是不現實的。通過看板傳遞既準確又迅速，還能避免以訛傳訛或傳達遺漏；

- 每個人都有自己的見解和看法，公司可透過看板來引導大家朝向統一認識，朝共同目標前進。

(2) 幫助管理，杜漸防漏

- 看板上的數據揭示便於管理者判定或跟進進度；

- 便於新人更快地熟悉業務；

- 已經揭示公佈出來的計劃，大家就不會遺忘，進度跟不上時也會形成壓力，從而強化管理人員的責任心。

(3) 績效考核更公正、公開、透明化，促進公平競爭

- 工作成績透過看板來揭示，差的、優秀的，立刻一目了然，無形中起到激勵先進促進後進的作用；

- 以業績為尺度，防止績效考核的人為偏差；

- 讓員工瞭解公司績效考核的公正性，積極參與正當的公平競爭。

(4) 加強客戶印象，樹立良好的企業形象

看板能讓客戶迅速全面瞭解公司，並留下良好印象：「這是一個出色的公司啊！」從而更信賴。

表 11-7 看板管理的提升方案

不足之處	原　因	提升方法	關注等級
看板不顯眼	・位置不合理 ・顏色不醒目	①將看板掛在高處或班組成員的視野範圍內，以便查看 ②用醒目的顏色標註看板內容或作標記，使看板內容清晰、一目了然	高
看板內容不全	・設計不合理 ・內容不具體	①選擇員工關心的信息、項目 ②對動態信息，應以目標計劃進度為主線進行跟進 ③看板內容要主次分明、重點突出 ④根據實際要求，為不同的看板設計不同的內容及形式	高
看板未起到應有作用	・班組不重視 ・管理不完善	①積極參加企業培訓，掌握看板管理技巧，瞭解各種看板的使用規範 ②及時維護生產看板，確保看板內容與實物相符 ③在看板設計初期考慮看板的使用期及有效性	高

2.各種看板的內容

・質量的資訊：每日、每週及每月的不合格品數值和趨勢圖，以及改善目標；

・成本的資訊：生產能力數值、趨勢圖及目標；

・交貨期的信息：每日生產圖表；

・機器故障數值、趨勢圖及目標；

・設備綜合效率；

· 提案建議件數；

· 品管圈、5S 活動；

· 包括其他需要公佈的資訊項目。

3. 看板製作的要求

(1)設計合理，容易維護

版面、欄面採用線條或圖文分割，大方而又條理清晰；主次分明，重點突出；· 採用透明膠套或框定位，更換方便；採用電腦設計，容易更新。

(2)動態管理，一目了然

管理人員、更換週期明確；選擇員工關心的資訊、項目；動態資訊以目標計劃進度為主線；多用量化的數據、圖形、照片，形象地說明問題。

(3)內容豐富，引人注目

體現全員參與；採用卡通、漫畫形式，版面活躍；多種看板的結合，有利於實現內容的豐富化。

(4)看板管理運用的注意事項

看板應設在人流量較多、引人注目的場所，如員工出入口或客戶參觀通道、休息室等；看板展示要求有一定空間，避免擁擠和影響正常的人流物流暢通；懸掛高度適中，版面文字大小合適，站著可以清楚閱覽全部內容；看板設置場所光線要充足，必要時，可以安裝燈箱等來增加照明；看板應指定管理擔當和更新期限，在醒目的位置揭示出來，保證看板的及時更新和維護；除了一些不經常更換的永久性看板可請專業公司製作外，其他儘量由員工動手製作，這樣既可以增加員工的投入和關注程度，又能夠保證內容的真實貼切。

十三、燈號：異常警示，衝擊力強

交通信號燈是日常生活中最常見的燈號，對生命安全有非常重大的作用。在企業中，機器設備、流水線以及一些關鍵的工作場所的信號指示燈，對企業來講具有與交通信號燈相同的意義，企業用這些燈號表示操作的正異常。這樣操作者和管理者遠距離就可知道工作的情況，如果出現意外可以縮短處理時間。燈號包括自動報警和手動報警兩種。

許多企業會有高壓氣體、高溫等生產裝備，如果超標，會出現危險。這時，就應該加裝自動警示燈號，例如，出現異常馬上閃燈甚至發出報警聲音，讓異常現象能夠被立刻辨別。

在生產機器設備或生產線上安裝手動紅黃綠燈號，員工通過手動按鈕來顯示當前狀態。

通過警示燈顏色變化，反映運轉情況，讓管理人員迅速瞭解機器設備的不同工作狀態，若有呈現工作異常，設備操作人員就按下按鈕求助，主管或相關人員看到後，可立即趕來對設備異常加以處理。

在工廠的總控室安裝警示燈號看板，操作者可通過這些燈號顯示，隨時隨地掌握生產線的運轉情況。透過燈號看板判斷出異常工位和異常種類，相應人員可及時採取措施。

另外，還可以用顯示器進行生產進度顯示，遠遠就可以知道現在的生產進度如何，與計劃相差多少。

十四、5S 檢查表的編制

1. 編制檢查表的要點

表 11-8　整理和整頓活動檢查表

受檢部門：＿＿＿＿＿＿＿＿＿　　　　　　　　　檢查人＿＿＿＿＿＿＿

序號	檢查內容	檢查標準	檢查方法	檢查結果	整改結果
1	物品分類及保管規定	(1)未建立物品分類及保管規定(1分) (2)物品分類及保管規定不太完善(2分) (3)物品分類及保管規定基本完善(3分) (4)物品分類及保管規定較完善(4分) (5)物品分類及保管規定完善(5分)	・審閱文件 ・核對現場		
2	整理	(1)尚未對身邊物品進行整理(1分) (2)已整理，但不太徹底(2分) (3)整理基本徹底(3分) (4)整理較徹底(4分) (5)整理徹底(5分	・查看現場 ・詢問		
3	整頓	(1)物品尚未分類放置和標識(1分) (2)部份物品尚未分類放置和標識(2分) (3)物品已基本分類放置並標識，但取用不便(3分) (4)物品已分類放置和標識，取用較方便(4分) (5)物品已分類放置和標識，取用方便(5分)	・查看場 ・觀察取用和時間		

⑴檢查表要簡明、易填寫、易層別，記錄項目和方式力求簡單。

⑵盡可能以符號記入避免文字或數字的出現。

⑶項目要儘量少，檢查項目以 4～6 項為原則。

⑷檢查的項目要隨時修正,必要的加進去,不必要的刪去。

⑸要將檢查結果即時回饋給有關責任部門,對查出的問題要立即整改。

⑹運用○、×、√等簡單符號,如數種符號同時使用於一個檢查表時,要在符號後註明所代表的意義。

2.階段性檢查表

階段性檢查是指在 5S 活動期間對每個階段的活動內容進行的檢查。檢查表的編制應以本階段的活動內容為主,通常由各責任區組織自行檢查,必要時推委會可組織抽查,加以督促。

3.效果檢查表

在階段性檢查的基礎上,推委會要對各責任區的 5S 活動進行效果確認,這時要編制 5S 活動效果檢查表。效果檢查表在項目條款上要進一步細化,以便進一步掌握 5S 活動所達到的深度。效果檢查表（如表 11-9）通常由推委會組織檢查。

4.診斷檢查表

診斷檢查是對 5S 實施過程中的各個階段的綜合檢查,以驗證 5S 活動的實施水準是否達到公司的期望。診斷檢查通常由 5S 推委會組織,主任委員牽頭。檢查過程中所獲得的有關事實將匯人「5S 診斷檢查表」,並對表中所列的檢查項目進行符合性判斷。

5S 診斷檢查表的參考樣式如表 11-10、表 11-11 所示。表中所列的檢查內容供參考在進行診斷檢查活動時,需根據具體被診斷部門的實際情況確定檢查內容。

表 11-9　整理和整頓效果檢查表

受檢部門：＿＿＿＿＿＿＿＿＿　　　　　　　檢查人＿＿＿＿＿＿＿＿

序號	檢查內容	檢查標準	檢查方法	檢查結果	糾正跟蹤
1	辦公室	(1)物品未分類雜亂放置(1分) (2)尚有較多物品雜亂放置(2分) (3)物品已分類，且已基本整理(3分) (4)物品已分類，整理較好(4分) (5)物品已分類，整理好(5分)	(1)現場觀察 (2)抽查		
2	工作台	(1)有較多不使用的物品在桌上或抽屜內雜亂存放(1分) (2)有 15 天以上才使用一次的物品(2分) (3)有較多 7 天以上才使用的物品(3分) (4)基本為 7 天內使用的物品，且較整齊(4分) (5)基本為 7 天內使用的物品,且整齊(5分)	(1)現場觀察 (2)抽查		
3	生產現場	(1)產品堆放雜亂、設備、工具零亂、尚未標誌(1分) (2)僅有部份產品、設備、工具標誌，現場仍很亂,有較多不用物品(2分) (3)產品、設備、工具已標誌、產品堆放、設備和工具放置基本整齊,尚有少量不用物品在現場(3分) (4)產品已標誌、產品堆放、設備和工具放置較整齊，基本無不用物品在現場(4分) (5)符合要求(5分)	(1)現場觀察 (2)抽查		

表 11-10　5S 診斷檢查表（生產現場診斷用）

受檢部門：＿＿＿＿＿＿＿　　　　檢查人＿＿＿＿＿＿＿

項目	查核項目	配分	得分	改善計劃
整理	1. 工作場所不應放置多餘的物品及掉落的零件	5		
	2. 電源線、氣管線應管理好，不應散落在面上	4		
	3. 貨架上的物品是否擺放整齊	4		
	4. 工、模、夾、刀、量、檢具是否按規定擺放整齊	4		
	5. 私人物品不應在工作專場出現	3		
	小計	20		
整頓	1. 台車、推車、鏟車應在指定區域水準直角放置	4		
	2. 零件、部件應在指定區域水準直角放置	4		
	3. 貨架上的物品是否定位、標識清楚	5		
	4. 工裝夾具等是否採用目視管理	4		
	5. 不合格品放置區是否有明確規定，並標識清楚	5		
	6. 物品的堆放高度是否超出規定	3		
	小計	25		
清掃	1. 地面應無煙蒂、紙屑、鐵屑、油污等其他雜物	3		
	2. 機器、設備應按時清掃、點檢	3		
	3. 窗、牆面、天花板應乾淨、亮麗	3		
	4. 清掃責任區是否明確	3		
	5. 清掃工具應在規定區域集中擺放	3		
	小計	15		
清潔	1. 整理、整頓是否用制度化來維持	5		
	2. 清掃和點檢的事項是否有檢查記錄	2		
	3. 堅持上下班 5 分鐘 5S	3		
	4. 數量和最高、最低限量是否標誌清楚	3		
	5. 工作中所需物品能否在 30 秒內找到	2		
	小計	15		
素養	1. 是否經常開展 5S 活動	5		
	2. 按規定著裝，上班佩戴上崗證	4		
	3. 遵守規章制度和禮儀規範	5		
	4. 富有團隊合作精神	3		
	5. 積極參加早會等各種提升活動	3		
	6. 應有強烈的時間觀念	5		
	小計	25		
評價	合計	100		

表 11-11　5S診斷檢查表（辦公場所診斷用）

受檢部門：＿＿＿＿＿＿＿＿　　　　　　　檢查人＿＿＿＿＿＿

項目	查核項目	配分	得分	改善計劃
整理	1. 文件櫃擺放應整齊	5		
	2. 辦公桌上的文具、文件及資料是否整齊有序	4		
	3. 電腦及其它辦公設備是否乾淨無塵	4		
	4. 物品是否都是必需品	4		
	5. 垃圾是否及時傾倒	3		
	小計	20		
整頓	1. 文件櫃大小、顏色是否一致	4		
	2. 圖紙、數據有無分類、歸檔保管，並標識清楚	4		
	3. 辦公文具、電話是否定位	5		
	4. 文件、檔案是否採用目視管理	4		
	5. 電腦及其它辦公設備應整齊擺放	5		
	6. 公用物品應設專門擺放區	3		
	小計	25		
清掃	1. 地面、台面、OA設備應無髒汙、灰塵	3		
	2. 文件、數據、圖紙應隨時清掃	3		
	3. 窗、牆面、天花板應乾淨、亮麗	3		
	4. 清掃責任區是否明確	3		
	5. 垃圾是否溢出桶外	3		
	小計	15		
清潔	1. 整理、整頓是否用制度化來維持	5		
	2. 電腦線應束起來，不得凌亂	2		
	3. 文件、數據應在30秒內找到	3		
	4. 堅持下下班5分鐘5S	3		
	5. 目標、制度等是否被目視化	2		
	小計	15		
素養	1. 是否經常開展5S活動	5		
	2. 按規定著裝，上班佩戴上崗證	4		
	3. 遵守規章制度和禮儀規範	5		
	4. 富有團隊合作精神	3		
	5. 積極參加早會等各種提升活動	3		
	6. 應有強烈的時間觀念	5		
	小計	25		
評價	合計	100		

十五、自主保全的展開戰術

從下到上的以自主保全小組進行保養，是減少機械設備故障的戰術，以清掃、清潔的方式來進行。

1. 初期清掃

打磨機械設備，除掉機器零件內堆積的渣滓，清除生產操作盤上的汙物，使機械上標示的文字鮮明，清晰可見，以設備本身為中心，將垃圾和汙物掃除乾淨。

2. 發生源對策、困難處所對策

改善垃圾、汙物的發生源，防止垃圾和汙物的飛散。改善難以清掃、加潤滑油的處所，以縮短清掃和加潤滑油的時間。

3. 制定清掃和加潤滑油基準

清掃和加潤滑油，是設備保養的基本條件，是防止機械設備老化的工作。為了保證確實實行，必須製作行動基準。制定基準，可以增強員工遵守基準的自覺性，並從中認識到遵守基準的重要性，加強自身的責任意識。

4. 全面檢測

以檢測手冊為基礎，進行檢驗技能訓練。全面檢測機械設備的狀況，找出並修復設備的細微缺陷。在零件號碼、彩色印刷、恒溫帶、量規、指示器等方面下工夫，簡化設備的檢測工作。

5. 自主檢測

製作自主檢測審核表，對重點處所，週期性地進行檢測。這時，應該嚴格按照清掃基準、加潤滑油基準來檢測機械設備，以提高活動的效率，使機械設備成為操作性能良好的設備。

6. 整理、整頓

進行各種現場管理項目的標準化，以確保作業的效率化、產品質量和操作安全。

- 改善流程，並削減半成品庫存
- 制定現場的物資流動基準
- 資料記錄的標準化
- 制定備用品及材料、半成品、產品、模型、修理用工具的管理基準等

7. 自主管理的徹底化

在現場根據公司方針和目標，長期不變地堅持改善活動。通過資料記錄和分析謀求改善，以期延長機械設備的檢測週期。

十六、評比檢查

評比檢查是 5S 推進辦公室組織有關人員進行檢查，對各個部門進行 5S 推行狀況打分、評比，並將檢查評比結果與獎懲制度掛鉤，以推動 5S 管理持續開展的行為。

1. 確定檢查標準

檢查標準主要包括檢查表和打分標準。

檢查表中的內容一般按整理、整頓、清掃、安全、清潔和素養等方面來制訂，同時，在編制過程中還要考慮到不同部門的實際情況和生產特點，力求內容全面。

通常，對製造企業來講，5S 的檢查標準分為兩種：一種是工作現場的檢查標準，適用於工廠、倉庫等一線生產部門；另一種是科室檢查標準。適用於辦公室等非生產一線的工作場所。

表 11-12　5S 評比檢查表

項目	檢查內容	總分	得分
整理	1. 是否定期實施紅牌作戰（清除不必要品）	5	
	2. 有無不用或不急用的夾治具、工具	5	
	3. 有無剩料等近期不用的物品	5	
	4. 有無「不必要的隔間」影響現場視野	5	
	5. 作業場所是否有明確的區別標誌	5	
	小計	25	
整頓	1. 倉庫、儲料室是否有規定	5	
	2. 工具是否易於取用，不用找尋	5	
	3. 材料有無配置放置區，並標誌清晰	5	
	4. 廢棄品或不良品放置是否有規定，並加以管理	5	
	小計	20	
清掃	1. 作業現場是否雜亂？是否定期點檢	5	
	2. 作業台是否雜亂	5	
	3. 產品、設備有無髒汙，附著灰塵	5	
	4. 配置區劃分線是否明確	5	
	5. 作業段落或下班前有無清掃	5	
	小計	25	
安全	1. 有無安全標識	5	
	2. 有無工作保護服裝、鞋帽等	5	
	3. 有無失火、爆炸、毒氣洩露等隱患	5	
	4. 電氣、電線有無觸電漏電隱患	5	
	小計	20	
清潔	1. 有無日程管理表	5	
	2. 管理看板定期更新	5	
	3. 有無異常發生時的對應措施	5	
	小計	15	
素養	1. 有無在崗培訓	5	
	2. 晨操、晨會是否積極參加	5	
	3. 提案制度實施效果如何	5	
	4. 課題改善活動參與效果如何	5	
	小計	20	
合計		125	
評語			

表 11-13　　5S 評比檢查評分標準

序號	項目	1 分標準	3 分標準	5 分標準
1	區劃線通道線	區劃線不全或缺少	有區劃線，但髒汙	經常保持色澤鮮明
2	地面	各處均有垃圾，無清掃 各處常有油水，無清掃 有不必要的東西	進行清掃，沒有垃圾 沒有油水，但略有灰塵	地面乾淨且明亮
3	標誌牌	髒汙嚴重無法辨認字跡 物品內容過時，未及時更換	不髒，但有一部份不需要的物品標誌牌	下工夫使標誌牌明顯新穎
4	物料	沒有按場所放置物品 放置數量無規定	物品放置在區域線外	保持放置於規定場所
5	工具	工具不全 工具擺放混亂無定位	工具齊全，但位置不清，標誌不明確	每件工具均有自己的位置 標誌明確 使用最方便
6	消防器材	滅火器、消防栓有變形破損	一部份已髒汙，週圍沒有不必要的東西	週圍不放置不需要的東西 保持清潔無過期限的器材
7	材料架	材料架髒汙 物品放置混亂 有不需要的物品	材料架較清潔，但物品未按規定的位置擺放，標誌不齊全	保持材料架清潔 必要的物品放置整齊 標誌明確
8	清掃用具	清掃用具髒汙 不齊全 擺放混亂	清掃用具齊全，按規定擺放，部份髒汙	清掃用具保持清潔、整齊擺放
9	工作台	工作台髒汙 物品放置混亂 有不需要的物品	進行整理，仍有部份髒汙，無不需要的物品	工作台潔淨 保持最必要的物品置於台上，擺放整齊
10	油桶區	油桶擺放位置、數量無規則 地面油污嚴重	進行整理，但地面髒汙	油桶、倒油機定置標誌明確 地面無油污

　　現場人員為了迎接檢查，會努力做好 5S 活動，持續不斷地檢查會讓員工持續不斷地改善，員工的 5S 活動就會慢慢從應付檢查到成為習慣。

　　反之，如果不進行 5S 檢查，或在檢查中把握不住重點，現場員工惰性的一面就會展現出來，現場就會越來越亂，最終會導致 5S 活動的失敗。

2. 評比檢查與巡視檢查

　　評比檢查與巡視檢查是有一定的差異的。

　　首先，巡視檢查表與評比檢查表的項目順序是不同的。巡視檢查表是按照巡視行走路線進行編排；而評比檢查表是按照順序來編排順序的：整理、整頓、清掃、安全、清潔、素養等。

　　其次，評比檢查要比巡視檢查更為正式，因為評比檢查直接影響現場員工薪酬，而巡視檢查只是日常進行督促整改的一種方法。

　　另外，評比檢查一般檢查人員固定，這樣才能打分準確，但巡視檢查是責任，檢查者範圍更為寬泛。

3. 5S 檢查表的原則

　　⑴越詳細的檢查表效果越好，所以，我們在制訂檢查表時，涵蓋面要盡可能廣泛。如果 5S 檢查表的檢查項目足夠詳細，那麼平時容易忽略的細微之處和角落之處就不容易落下，這樣由於檢查人員的認真檢查，相應區域的責任人就會關注和整改那些以前被忽略的地方，從而逐步提高 5S 在企業中推行的水準。

　　⑵檢查表要簡明，要容易填寫，記錄項目和方式力求簡單。盡可能用符號或數字進行記錄，避免使用大量文字，因為不僅浪費時間，而且文字不容易量化。5S 檢查人員進行 5S 檢查時，檢查路線與時間都比較長，如果表的填寫過程太為複雜，會延長檢查時間，影響檢查

效果。

　　(3)檢查標準的描述要容易界定、有可操作性。以垃圾桶為例,「垃圾不能超過桶平面」就比「垃圾桶不能太滿」更好。

　　(4)隨著 5S 檢查的不斷進行,檢查表的項目要及時修正。如發現現場的問題沒能涵蓋進檢查表,就要把相應的內容加進去。而對有些空洞、不切實際、不必要的檢查項目要進行合併或者刪除。

4.評比檢查的注意要點

　　(1)要有規範的檢查表格,並根據檢查的實況填寫。這樣,根據檢查的結果評價出總的成績分數才有說服力,便於充分發揮檢查評比的作用。

　　(2) 5S 評比的檢查人員不要太多,以兩人為宜。一人檢查容易不全面,兩人檢查會避免這方面的問題,一人主攻常規檢查:灰塵、雜物、放置、衛生等;另一人主攻專業性檢查:安全、設備等。

　　另外兩人可以互相分工協作,一人負責記分,另一人負責拍照。

　　(3)充分利用照片的視覺效果。檢查中遇到問題,應拍照留存,記錄清楚問題點,便於責任人整改。

　　(4)檢查的目的是為了改善,而不是為了罰錢。

　　檢查時,除了帶檢查表,還要帶《整改待辦單》或《問題記錄表》,記錄下需要整改的問題,以便於通知相應責任人,也可用來後續進行整改跟蹤。如表 11-14 所示。

　　檢查之後,還應針對 5S 活動中的問題,由被檢查者提出改進措施和計劃,促進現場 5S 的水準不斷進步和提高。

表 11-14　5S 現場問題記錄表

被檢查責任區(單位)：　　　　　　　　　　　　　　　檢查人：

序號	問題所在區域	問題描述	改善建議	備註
1				
2				
3				
4				

⑸檢查位置：應把注意力放在容易忽視的陰暗角落。

在整理階段的不要物查找和清掃階段的清掃檢查，我們都提到過老鼠蟑螂檢查法，現在，這一法則要全面應用。解決問題要抓住重點，檢查 5S 問題也要抓住檢查重點，容易被人忽視卻被老鼠蟑螂重視的地方就是重點。

另外，檢查對象也不能只關注垃圾、灰塵，還要關注不要物、張貼物、物品堆放、安全隱患、跑冒滴漏、著裝等各個方面。

⑹檢查評比之後要及時開會公佈結果。檢查會議在檢查完成之後的 1～2 天內進行，如果是每週三進行定期 5S 檢查，那麼就應在每週四或週五進行定期 5S 會議。

在會議上，公佈各部門的檢查結果、評分、名次。並用投影儀展示各部門存在的問題，進行問題講解和總結，並部署下一個星期的改善重點。

每週的檢查結果應該在管理看板上及時進行展示。

⑺每月進行獎懲，將本月每週檢查結果進行月匯總，根據匯總結果進行獎懲。有獎有罰，才能使現場員工有動力、有壓力進行現場改善與現場維持。

第 *12* 章

5S 管理培訓遊戲技巧

一、第 1 種技巧：尋寶活動

在整理的後期階段，處於以防萬一或可惜的心態，很多不要的物品得不到應有的處理；或者因為天長日久，一些區域及物品已經很難確定責任部門和責任人員，形成死角。不要物的大量存在，意味著整理活動徹底的失敗。尋寶活動是為了在整理後期階段找出公司的不要物，進行徹底整理的一種趣味性手段。

尋寶活動要順利進行，首先就要制定遊戲規則，打破大家的疑慮：

(1)只尋找不要物，不追究責任；

(2)找到越多不要物，員工獎勵越高；

(3)交叉互換區域尋寶，防止弄虛作假；

(4)有爭議的物品，提交 5S 推進辦裁決；

(5)部門重視的，給予組織獎勵。

只有讓全員放下心中的疑慮，才能順利把活動開展。在開展尋寶

活動時，要注意以下幾點：

　　⑴確定不要物的擺放區域和標識方法；

　　⑵確定申報方法和表格填寫形式；

　　⑶確定處理流程；

　　⑷確定處理擔當和責任許可權；

　　⑸明確期限；

　　⑹重申安全注意事項。

　　因為整理是 5S 活動的首要任務，前期的不要物會大量發現，所以可以批量處理；後期以尋寶活動來持續推進，因為所尋之「寶」都可能發生爭議，所以不妨在指定時間現場辦公，當場判斷，這樣一來，可以減少爭議，節約時間。

二、第 2 種技巧：洗澡活動

　　在清掃階段，我們主要有兩方面的工作，一是貫徹「清掃即點檢」的原則，對設備進行全方位的維護保養；另一方面就是對崗位和週圍環境進行大掃除，對一些年久失修的地面、牆壁、門窗、天花板、櫃架、機器設備表面進行維修和翻新。對現場的這種清掃活動，就像給蓬頭垢面的人洗澡、梳頭、剪指甲，使其恢復原來容光煥發的模樣，所以對環境的徹底清掃，我們通常稱為公司的「洗澡」活動，目的是使現場煥然一新。

　　洗澡活動通常有三個步驟，一是掃除垃圾；二是修繕縫補，進行污染源防治；三是油漆翻新。這些工作，如果請外面的專業公司來做的話，當然會做得很好，只是費用較高。5S 提倡「自己動手，豐衣足食」的「做享其成」精神，所以如果員工經簡單訓練就可以完成的

工作，最好由員工自己完成。這樣做有四個好處：

(1)可以隨時隨地處理，不必等待依靠；

(2)費用低廉；

(3)因為是員工自己的勞動成果，所以員工有很高的成就感和滿足感；

(4)自己親手做了，知道一切來之不易，所以會很愛惜。

對於一些專業的、高難度、高危險的工作，則應該界定清楚，交給專業公司處理。即使是這樣，也要做好員工的安全意識教育，防止在「洗澡」過程中發現意外。有些員工積極性很高，自發給十幾米高的行車刷漆翻新，這種危險的工作，最好不要讓員工去做。

三、第 3 種技巧：晨會制

晨會是指利用上午上班的前 5～10 分鐘的時間，全體員工集合在一起，互相問候，交流資訊和安排工作的一種管理方式。

1. 晨會的重要性

晨會在很多企業推行的時候，多少都普遍存在以下的誤解：

· 誰有沒有來，一看就知道，何必開早會呢？

· 把指示傳達到位就行了，何必開早會 7

· 聽取那麼多與我無關的事，浪費時間。

· 在告示板上張貼就行了。

· 這麼短的時間，什麼事也說不清楚。

· 有開早會的時間，可以多做好幾個產品呢！

存在上述誤解的根本原因，是因為沒有認識到晨會在現場管理中具有重要的位置，晨會是：

．人員點到的場所

．活動發表的場所

．作業指示的場所

．生產總結的場所

．喚起注意的場所

．培訓教育的場所

．資訊交流的場所

因為晨會在現場管理佔有重要的位置，所以即使佔用了工作時間也要堅持實施。

2. 晨會的六大好處

(1)有利於團隊精神的建設

(2)能產生良好的精神面貌

(3)培養全員的禮貌習慣

(4)提高幹部自身水準（表達能力、溝通能力）

(5)提高工作佈置效率

(6)養成遵守規定的習慣

3. 晨會的形式

(1)三級晨會

公司月晨會──方針政策宣傳、各項活動總結表彰；

部門週晨會──部門工作的總結、安排；

班組（工段）日晨會──任務的總結、安排及注意事項說明。

(2)混合晨會

不同部門、不同工種的人員在一起開晨會，互相溝通交流，現場說明或解決問題。

(3) 橫向晨會

前面所說的三級晨會是由上而下的縱向交流晨會,橫向晨會是指同級之間的溝通交流晨會,多用於企業間的橫向交流。

4. 晨會的內容

(1) 發出號令,集合人員

(2) 人員報數點到(通過報數聲音確認人員精神狀態)

(3) 總結昨天的工作

(4) 傳達今天的生產計劃和基本活動,說明注意事項

(5) 公司指示事項的轉達

(6) 人員工作幹勁的鼓舞

(7) 宣佈作業的開始

如果班組內有輪班或上班時間不一致,就特別有必要把晨會事項傳達,否則容易引起生產的混亂,發生問題。

5. 晨會的主持

表 12-1　晨會的主持

主持方式	要求說明	利	弊
班組長主持	班組長具備一定的權威性,表達能力好	能夠針對班組特性、現狀進行,針對性強	班組長的能力差距將造成班組差距
部門主管主持	全盤工作非常清楚瞭解	人員重視,方針政策能夠得到貫徹	管理人員得不到應有的鍛鍊,會議容易過長
管理人員輪流主持	管理人員瞭解他人的工作,有全局觀念	管理人員的才幹得到鍛鍊和施展	焦點分散,行動方向較難統一,團隊塑造慢
管理人員和員工輪流主持	資訊通暢協商式的風氣已經形成	形成一種民主協商的工作氣氛	推行有一定難度,效果難以預測
員工輪流主持	對員工的素質、責任心、問題意識要求高	員工參與管理,提高責任心	員工放不開時,可能草草結束

　　企業剛剛開始推行晨會時，主持人出於緊張或口才發揮不好，一站在觀眾前就手足無措，重要的工作往往有遺漏，出現這種問題時，可以先採用《晨會記錄表》的形式。晨會前先思考，那些問題要說，如何說，並記在記錄表上，這樣既可以提高主持人員的能力，又可以方便自己和上司檢查確認，是一舉多得的好方法。

表 12-2　晨會記錄表

日期：　　月　　日	區域：　　　　主持人：
基本內容：	

基本內容：

　　1. 整理儀容；

　　2. 列隊；

　　3. 主管帶領，覆述下列禮貌用語：

「早上好」、「對不起」、「請」、「謝謝」、「辛苦了」；

　　4. 喊公司方針、單位班組口號(參考)；

　　5. 總結前日(上週)工作及存在問題

　　①

　　②

　　6. 安排本日(週)工作計劃及說明要求

　　①

　　②

四、第 4 種技巧：吉尼斯命名活動

1.「吉尼斯」申請活動

　　一個人，只要創造了世界的記錄，或者做到了前所未有的事情，都可以申請「吉尼斯」記錄。公司內部的「吉尼斯」記錄也是如此，只不過是記錄與員工工作、生活相關的有意義的項目。在這些項目中，有個人能力方面的記錄，也有生產活動中創造的記錄，還有一些

比賽或趣味活動項目的記錄，如：

- 小時產量最高記錄；
- 安全生產持續天數最高記錄；
- 跑步、跳高、跳遠、足球、保齡球等競技記錄；
- 員工之最等趣味記錄；
- 成本損耗最低記錄；
- 個人全能冠軍記錄；
- 個人 5S 創意或提案件數最多記錄等等。

　　這些項目只要員工做到了，附上相關證明提出申請，經過公司職能部門確認後，都可記錄在案，並公佈在公司的相關展板上。

2.「吉尼斯」活動的作用

　　表面上看起來，「吉尼斯」活動與 5S 是風馬牛不相及，但它卻能夠激發員工的積極性和參與度。尤其對於白領人員，「吉尼斯」活動能夠挑戰自我，又充滿趣味，所以投入的熱情都很高，是讓白領人員也融入 5S 現場改善的一項有效措施，能為整個現場帶來生機與活力：

- 為員工提供展現自我的舞台；
- 將員工導向有意義的公平競爭；
- 創造愉快、和諧的工作氣氛；
- 加強與員工之間的溝通，增強企業凝聚力。

3.「吉尼斯」活動展開的要點

- 高層關注和參與；
- 經常舉行相關賽事，提供展示的舞台；
- 評選方法權威公正，富挑戰性；
- 及時公佈揭示活動進度和結果；
- 從員工感興趣的話題來引導；

‧不斷展開個人、部門之間的挑戰競爭，激發榮譽感；

‧精神獎勵與物質獎勵結合。

4.命名活動

命名活動可用於員工的創意改善，也可用於對企業有傑出貢獻的人員的表彰嘉許。命名的情形有很多，如：

(1)創意革新類

如李四改良了某種技術，那麼該技術可以命名為「李四加工法」，張三設計了某種烤箱，則這種烤箱命名為「張三烤箱」，用員工的名字來命名其智慧的結晶，可以在最大程度上激勵員工積極開發創新。

(2)傑出貢獻類

如某位員工在企業做出了突出的成績，其所在的部門、班組可以其名字來命名。還有一些比較大的企業，內部的交通道路也用企業優秀員工的名字來命名。這類榮譽屬於終身的榮譽，對企業文化的形成、員工高昂士氣的保持有意想不到的效果。

(3)履歷記錄類

公司留下企業成長記錄，對一些重大事項或取得重大結果記錄在案。如某公司第一台產品研製成功後，相關經過馬上載入公司史冊，所有參與人員都在一塊紅布上簽名，然後製成匾，懸掛在公司大堂上。這種行為既表達了對員工的感謝之心，又能夠激發員工的團隊精神和集體榮譽感。

命名活動推行要注意以下幾點：

‧評價標準、方法要明確；

‧執行部門有權威性和公信力；

‧要嚴格把關，發生錯誤容易成為員工的笑柄；

‧要一視同仁，不可挫傷員工的積極性；

・最高主管最好親自掛帥，表示企業的重視度。

命名活動本身並不需要多少費用，但是關鍵在於主管是否重視，能否明白表達企業的感謝之心、嘉許之意，這點很重要。

心得欄

第 *13* 章

5S 活動的評估與獎懲

一、5S 活動的效果

1. 5S 活動的效果

5S 活動的效果,如下圖所示。

圖 13-1 5S 活動的效果圖(之一)

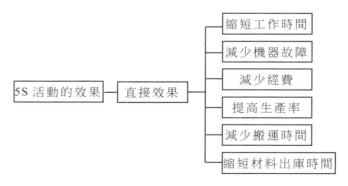

圖 13-2　5S 活動的效果圖（之二）

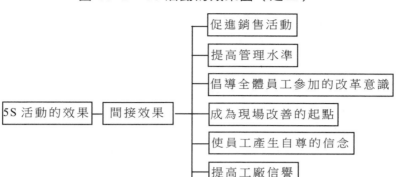

2. 5S 評分計算方法

　　為了判斷 5S 活動達成的水準及比較各小組的實施程度，要通過 5S 評分表所評分數計算各小組的實得分數。因為各小組的清掃難度、人員及責任區域不完全相同，因此要確定加權係數，這樣才能比較客觀地反映各小組的實際分數，其計算公式如下：

　　　　各小組實際分數＝5S 評分表評分×加權係數 K

　　　　加權係數 K＝(K_1＋K_2×K_3＋K_4)÷3

表 13-1 生產現場 5S 評分標準表

項次	得分／水準／項目	1	2	3	4	5
1	現場 5S 推展體制（單位主管）	有 5S 推展組織表及推展計劃	定期舉行 5S 活動會議（有會議記錄）	全員參與依照計劃完成推行活動	訂有改善的推展計劃，且對策依計劃完成	單位達成水準一目了然，已達100%目標
2	清掃（設備本體）	有訂定清掃計劃，個人職責及圖示，完成全員的教育	完成潤滑部位及設備週圍的清掃	完成附屬設備之清掃	完成設備本體的清掃	對潛在缺陷或振動過度、異音等，有發現異常能力，且制定對策
3	污染發生源	已能掌握污染發生源處。	有圖示，並完成對策計劃（針對各項目）	達成 50%以上之對策	達成 80%以上之對策	對策達成100%，並能於短時間內完成清掃
4	清掃困難處所	已能清掃困難之處所	有圖示，並制定對策計劃（針對各項目）	達成 50%以上之對策	達成 80%以上之對策	完成清掃器具、設備護蓋之改善，對策達成100%，短時間內完成清掃
5	30 秒內取出、歸位（資料夾、工具、零件等）	具備識別必要與不必要物品的能力	歸位，場所等已定位化（誰都能看清楚）	完成定位化的標示	制定確保容易取出的方法	已達成30秒內取出想要的東西及歸位，已結合能力提升績效
6	安全對策（設備物件）	已瞭解設備不安全之部位	包括現有設備及新設備，已能全部達成安全部位之點檢	對不安全部位完成對策	已按對策實施	定期的實施設備修護與改善，完全瞭解正確使用，創造安全工作場所
7	目視管理A：配管內物質流的標示	實施教育，已瞭解必要數量	配管標示達50～70%	配管標示達70～90%	配管標示達100%	有管理表單、圖示，定期實施修護、改善，並完成危險標示及安全確保等作業

續表

項次	得分水準項目	1	2	3	4	5
8	目視管理B：開關閥開關標示	實施教育，已瞭解各種類別、標示板之必要數量	標示牌的裝置，已完成50～70%	標示牌的裝置，已完成70～90%	實施標示牌的裝置，已完成100%。最少2次/天做到開關的確認	有管理表單、圖示，定期實施修護。改善，並瞭解操作方向，開60的狀態
9	目視管理C：鋼索、繩索之保管	已實施安全課程之教育，並瞭解各種類別之數量	鋼索顏色的標示，已完成100%	完成保管及尺寸標示	有管理表單，實施使用後之檢點及鋼索塗油作業，及日常檢點作業確定	保持最佳使用狀態之維持管理
10	目視管理D：滅火器標示	實施教育，已瞭解各種類別及數量	標識牌及管理責任者標示，完成70%以上	標識牌及管理責任者標示，成100%	有管理表單，並定期的檢點	有圖示、規定，全員清楚，做好責任者的變更，及容器、標示牌等清潔維持之管理
11	目視管理E：溫度標示	實施教育，已瞭解各種類別及數量	完成標貼紙之張貼達50～70%	完成標貼紙之張貼達70～99%	完成標貼紙之張貼達100%，且確實實施1次/天之標貼點檢	有管理表單或圖示，實施標貼紙污穢換新、修正、改善等。能有效防止發熱部位所影響之設備故障
12	目視管理F：配合記號（栓緊螺絲）	有實施計劃，已瞭解必要處所的數量，完成教育實施	完成配合記號，達50～70%	完成配合記號，達70～99%	完成配合記號，達100%	有管理表單，並實施定期點檢，能有效防止因設備螺絲之鬆弛所發生之故障
13	目視管理G：冷卻風扇	實施教育，已瞭解必須張貼轉向標貼的處所	完成轉向標貼，達50～70%	完成轉向標貼，達70～99%	完成轉向標貼，達100%	有管理表單，能有效實施修護、改善及防止故障的發生

⑴整理、整頓難度係數 K_1

根據小組 5S 責任區域面積大小，需整理的物品數量、重量及物流頻率綜合設定，以其中一組難度較適中的作為參照係數 1，其餘的與參照係數比較後確定各組相應的 K_1 值。

⑵清掃、清潔 K_2

K_2 主要參照該組的面積比率：

面積比率＝責任區面積數÷5S 活動總面積數

面積比率	0.1 以下	0.1～0.2	0.2～0.4	0.4～0.5	0.5 以上
K_2	1	1.02	1.05	1.07	1.10

⑶清掃清潔人數係數 K_3

K_3 主要參照該組的人數比率：

人數比率＝該組員工人數÷5S 活動總人數

人數比率	0.1 以下	0.1～0.2	0.2～0.4	0.4～0.5	0.5 以上
K_3	1	1.02	1.05	1.07	1.10

⑷素養係數 K_4

K_4 主要參照該組的人數比率：

人數比率	0.1 以下	0.1～0.2	0.2～0.4	0.4～0.5	0.5 以上
K_2	1	1.02	1.05	1.07	1.10

(5)各組的加權係數 K

K 依各自的 K_1、K_2、K_3、K_4計算得出：

$$K = (K_1 + K_2 \times K_3 + K_4) \div 3$$

編號	組別	組名	K_1	K_2	K_3	K_4	K_5
1	—	注塑組					
2	—	裝配組					
3	—	衝壓組					
……	……	……					

3. 5S 的評鑑方法

(1)評鑑的頻率

5S 活動在導入期時，評審頻率應較高，每日一次或每兩日一次，每一個月進行一次匯總統計，對成績較好的單位給予表揚，成績較差的則予以督導和糾正。

(2)評鑑工具

評鑑活動人員應統一佩帶「評分員」臂章，使用統一的評分用資料夾、評分標準表、評分記錄表（表 13-2）、5S 評分表（表 13-3），評分時，評分人員在發現缺點時，先用評分記錄表描述缺點狀況，然後對照評分標準表查核缺點項目及應扣的分數，再用 5S 評分表予以統計得分，這樣可節約評分時間。

表 13-2　生產現場評分記錄表

單位代號	缺點狀況描述

評分人：　　　　　　　　　　　　　　　日期：

表 13-3　5S 活動評分表

單位別	項目代號	得分	得分合計	單位別	項目代號	得分	得分合計

4. 5S 活動評價公佈

在評分活動結束的當天，由 5S 幹事統計各小組實際分數，並於次日在公司公告欄公佈。成績的好壞以相應的燈號顏色表示。

(1)綠燈：90 分及以上；

(2)藍燈：80 分及以上，90 分之內；

(3)黃燈：70 分及以上，80 分之內；

(4)紅燈：70 分以下。

5. 5S 活動獎懲規定

(1)每月舉行小組競賽活動，對競賽成績前三名單位給予表揚及物質獎勵。

・ 第一名的小組：授予「鑽石水準」稱號及錦旗，並發放獎金。

・ 第二名的小組：授予「金水準」稱號及錦旗，發放獎金。

· 第三名的小組：授予「銀水準」稱號及錦旗，發放獎金。

· 最後一名的小組：授予「加油」稱號，進行督導與激勵。

(2)所有小組成績都在 80 分以下時，不予獎勵。

(3)獎金應作為小組的公共活動基金，不能予以私分。

表 13-4　5S 活動月度成績評比表

得分　組別　日期	成績	燈號	成績	燈號	成績	燈號	成績	燈號	成績	燈號
1										
2										
……										
月平均成績										
名　　次										

二、實行統一的評估標準

5S 就像拉長了的橡皮筋，一旦鬆手就馬上恢復到原來的狀態。5S 本身就有恢復原狀的天性，人們把這種現象叫做「崩潰」。

能夠抑制 5S 崩潰的第一特效藥就是教育，5S 的教育不是採取各種外部策略防止 5S 崩潰，而是要提高人們自身的 5S 觀念，從內部維持 5S 並且使其水準不斷提高。

因此，要確保 5S，堅持進行教育是第一重要的，而且還要在此基礎上考慮對 5S 進行評估和維持。

要在各個部門對 5S 進行評估，就必須在全公司實行統一的評估標準。一般要採用下面的「5S 檢查一覽表」。5S 巡邏隊要根據「5S 檢查一覽表」，定期到各部門巡迴檢查並打分。

表 13-5   5S 檢查表（一）

5S 檢查列表		部門名稱	打分者姓名			
（生產一線用）		分數 100	上次分數／100	年	月	日

5S	NO	檢查項目	檢查內容	分數				
				0	1	2	3	4
整理 （/20）	1	有沒有無用的材料、零件	庫存、半成品中有沒有無用物品					
	2	有沒有無用的設備、機械	設備、機械中有沒有不需要的					
	3	有沒有無用的工具、模具	工具、模具、刀具、辦公用具中有沒有不使用的					
	4	能夠清楚地知道那些是無用物品	不需要的物品能夠一目了然嗎					
	5	是否有有用和無用的基準	有沒有廢棄標準					
整頓 （/20）	6	有沒有位置標記	有沒有表示位置的標誌牌					
	7	有沒有品種標記	有沒有架子名稱標記和物品名稱標記					
	8	有沒有數量標記	是否有最大庫存量和最小庫存量標記					
	9	過道等有沒有標誌線	是不是畫上了顯眼的白線					
	10	有沒有讓工具方便使用、返還	工具的擺放是不是便於清掃					

續表

清掃 (/20)	11	地板上有沒有水、油、垃圾等	是不是經常把地板擦乾淨了					
	12	機械以及週邊有沒有灰塵和漏油等現象	是不是經常擦拭機械					
	13	是否同時進行機械的清掃和檢查	有沒有實行清掃和檢查					
	14	有沒有實行清掃分工制	是否實行責任制或輪流制					
	15	已經養成清掃習慣了嗎	有沒有打掃或擦拭的習慣					
清潔 (/20)	16	排氣換氣是否良好	空氣中有沒有粉塵和異味					
	17	採光情況怎麼樣	採光度、照明等是否良好					
	18	工作服是否整潔	是否穿著有油的工作服					
	19	是否採取了避免污染的措施	重在避免，而不是污染後再採取措施					
	20	是否遵守了 3S 的規則	整理、整頓、清掃維護得怎麼樣					
素養 (/20)	21	是否按規定著裝	服裝是否凌亂					
	21	早晚是否互相問候	是否有打招呼的習慣					
	23	時間觀念怎麼樣	是否守時					
	24	早會和晚集合是否充分利用	是否貫徹了各種規則和工作方法					
	25	是否遵守規章制度	是否每個人都遵守					
全體		觀察得分情況						

表 13-6　　　5S 檢查表（二）

5S 檢查列表	部門名稱	打分者姓名			
（事務部門用）	分數/100	上次分數/100	年	月	日

5S	NO	檢查項目	檢查內容	分數				
				0	1	2	3	4
整理 (/20)	1	櫃子裏有沒有不要的資料	櫃子裏有沒有不要的文件、圖表、會議資料等					
	2	個人辦公桌上有沒有不要的東西	個人辦公桌上面或抽屜裏有沒有不要的物品					
	3	對不要的東西是否清楚	是否一看就知道那些是不要的資料、不要的物品					
	4	有沒有規定要或不要的基準	有沒有規定資料等的處理基準					
	5	有沒有整理展示物品	期間以外的展示是否安排好					
整頓 (/20)	6	櫃子或用具有沒有位置標記	是不是所有的東西都有位置標記					
	7	資料、用具有沒有品種標記	是不是所有的東西都有品種標記					
	8	資料、用具使用起來是否方便	擺放方法是否有利於使用					
	9	資料、用具的擺放是否有規則	是否擺放在了規定位置					
	10	過道、展示物品是否清楚	是否有標誌線、標誌牌					
清掃 (/20)	11	地板上是否有垃圾和紙屑	地板髒不髒					
	12	窗戶和架子上面是否有灰塵	玻璃髒不髒					
	13	掃除是否實行責任制	是否實行了責任制或輪流制					
	14	垃圾箱裏的垃圾是否溢出來	垃圾、紙屑是否有固定的地方扔					
	15	是否養成了清掃習慣	有沒有掃、擦的習慣					
清潔 (/20)	16	排氣換氣是否良好	有沒有煙味					
	17	採光是否良好	採光度、照明是否良好					
	18	工作服是否整潔	是否穿著髒的工作服					
	19	進入房間是否有清新的感覺	色調、空氣、陽光如何					
	20	是否維護 3S	是否維護整理、整頓、清掃的成果					
素養 (/20)	21	是否按規定著裝	是否凌亂					
	22	早晚是否互相問候	是否有打招呼的習慣					
	23	是否有時間觀念	是否遵守時間					
	24	接電話如何	是否能夠把事情傳達清楚					
	25	是否遵守規章制度	每個人是否都遵守					

三、5S 活動的部門自我查核表

5S 活動的整個推行過程，必須對每個「S」進行定期診斷與查核。
對活動過程中的偏差及時採取對策進行修正。

表 13-7　部門內部自我查核表

1. 整理

項次	查檢項目	得分	查檢狀況
1	通道狀況	0	有很多東西，或髒亂。
		1	雖能通行，但要避開，台車不能通行。
		2	擺放的物品超出通道。
		3	超出通道，但有警示牌。
		4	很暢通，又整潔。
2	工作場所的設備、材料	0	一個月以上未用的物品雜亂放著。
		1	角落放置不必要的東西。
		2	放半個月以後要用的東西，且紊亂。
		3	一週內要用，且整理好。
		4	4 日內使用，且整理好。
3	辦公桌(作業台)上、下及抽屜	0	不使用的物品雜亂。
		1	半個月才用一次的也有。
		2	一週內要用，但過量。
		3	當日使用，但雜亂。
		4	桌面及抽屜內均最低限度、且整齊。
4	料架狀況	0	雜亂存放不使用的物品。
		1	料架破舊，缺乏整理。
		2	擺放不使用但整齊。
		3	料架上的物品整齊擺放。
		4	擺放為近日用，很整齊。
5	倉庫	0	塞滿東西，人不易行走。
		1	東西雜亂擺放。
		2	有定位規定，沒被嚴格遵守。
		3	有定位也在管理狀態，但進出不方便。
		4	任何人均易瞭解，退還也簡單。
6	合計	得分	

2. 整頓

項次	查檢項目	得分	查檢狀況
1	設備、機器、儀器	0	破損不堪，不能使用，雜亂放置。
		1	不能使用的集中在一起。
		2	能使用但髒亂。
		3	能使用，有保養，但不整齊。
		4	擺放整齊、乾淨，最佳狀態。
2	工具	0	不能用的工具雜放。
		1	勉強可用的工具多。
		2	均為可用工具，缺乏保養。
		3	工具有保養，有定位放置。
		4	工具採用目視管理。
3	零件	0	不良品與良品雜放在一起。
		1	不良品雖沒即時處理，但有區分及標示。
		2	只有良品，但保管方法不好。
		3	保管有定位標示。
		4	保管有定位，有圖示，任何人均很清楚。
4	圖紙、作業標示書	0	過期與使用中雜在一塊。
		1	不是最新的，但隨意擺放。
		2	是最新的，但隨意擺放。
		3	有卷宗夾保管，但無次序。
		4	有目錄，有次序，且整齊，能很快使用。
5	文件檔案	0	零亂放置，使用時沒法找。
		1	雖顯零亂，但可以找得著。
		2	共同文件被定位，集中保管。
		3	以事務機器處理而容易檢索。
		4	明確定位，使用目視管理任何人能隨時使用。
6	合計	得分	

3.清掃

項次	查檢項目	得分	查檢狀況
1	通道	0	有煙蒂、紙屑、鐵屑共他雜物。
		1	雖無髒物，但地面不平整。
		2	水漬、灰塵不乾淨。
		3	早上有清掃。
		4	使用拖把，並定期打臘，很光亮。
2	作業場所	0	同上
		1	同上
		2	同上
		3	零件、材料、包裝材存放不妥，掉地上。
		4	同上
3	辦公桌作業台	0	文件、工具、零件很髒亂。
		1	桌面、作業台面滿是灰塵。
		2	桌面、作業台面雖乾淨，但破損未修理。
		3	桌面、台面很乾淨整齊。
		4	除桌面外，椅子及四週均乾淨亮麗。
4	窗、牆天花板	0	任恁破爛。
		1	破爛但僅應急簡單處理。
		2	亂貼掛不必要的東西。
		3	還算乾淨。
		4	乾淨亮麗，很是舒爽。
5	設備工具儀器	0	有生銹。
		1	雖無生銹，但有油垢。
		2	有輕微灰塵。
		3	保持乾淨。
		4	使用中防止不乾淨措施，並隨時清理。
6	合計	得分	

4. 清潔

項次	查檢項目	得分	查檢狀況
1	通道和作業區	0	沒有劃分。
		1	有劃分，但不流暢。
		2	劃線感覺還可。
		3	劃線清楚，地面有清掃。
		4	通道及作業區感覺很舒暢。
2	地面	0	有油或水。
		1	油漬或水漬顯示得不乾淨。
		2	不是很平。
		3	經常清理，沒有髒物。
		4	地面乾淨亮麗，感覺舒服。
3	辦公桌	0	很髒亂。
	作業台	1	偶爾清理。
	椅子	2	雖有經清理，但還是顯得髒亂。
	架子	3	自己感覺很好。
	會議室	4	任何人都會覺得很舒服。
4	洗手台廁所等	0	容器或設備髒亂。
		1	破損未修補。
		2	有清理，沒異味。
		3	經常清理，沒異味。
		4	乾淨亮麗，還加以裝飾，感覺舒服。
5	儲物室	0	陰暗潮濕。
		1	雖陰濕，但加有通風。
		2	照明不足。
		3	照明適度，通風好，感覺清爽。
		4	乾乾淨淨，整整齊齊，感覺舒服。
6	合計	得分	

5. 素養

項次	查檢項目	得分	查檢狀況
1	日常 5S 活動	0	沒有活動
		1	雖有清潔清掃工作，但非 5S 計劃性工作。
		2	開會有對 5S 宣導。
		3	平常做能夠做得到的。
		4	活動熱烈，大家均有感受。
2	服裝	0	穿著髒，破損未修補。
		1	不整潔。
		2	紐扣或鞋帶未弄好。
		3	廠服，識別證依規定穿戴。
		4	穿著依規定，並感覺有活力。
3	儀容	0	不修邊幅又髒。
		1	頭髮，鬍鬚過長。
		2	上兩項，其中一項有缺點。
		3	均依規定整理。
		4	感覺精神有活力。
4	行為規範	0	舉止粗暴，口出髒言。
		1	衣衫不整，不守衛生。
		2	自己的事可做好，但缺乏公德心。
		3	公司規則均能遵守。
		4	主動精神、團隊精神。
5	時間觀念	0	大部份人缺乏時間觀念。
		1	稍有時間觀念，開會遲到的很多。
		2	不願時間約束，但盡力去做。
		3	約定時間會全力去完成。
		4	約定的時間會提早去做好。
	合計	得分	

　　5S 活動的診斷，一般採取部門自我診斷和推行委員會巡廻診斷的方式。不管是採用那一種方式，都要利用查核表。查核表的內容應包括查核的項目、方法、檢查要點等。

四、5S 巡廻診斷表

表 13-8　5S 巡廻診斷表

項目		查檢內容	作業基準	判定
地面 （踏板）	1	地面沒有灑落油漬、切削粉屑。		
	2	地面沒有散落垃圾、零件等。		
	3	地面沒有堆置不良品。		
	4	地面沒有污漬。		
	5	地面沒有破損或油漆剝落。		
	6	割分線、定位記號沒有髒、破損或脫落。		
台車 手推車	7	台車、手推車有責任者標示。		
	8	台車、手推車沒有破損處所。		
	9	車輪正常，沒有垃圾、切削粉屑。		
	10	台車、手推車的擺置場所有標示。		
搬運箱	11	搬運箱依直線、直角定位擺放。		
	12	搬運箱高度未超過標準。		
	13	搬運箱沒有破損處。		
	14	搬運箱沒有附著垃圾、粉屑。		
機械	15	設備有標示機台編號、名稱。		
	16	設備上無亂塗亂畫。		
	17	設備上方平台，設有擺放東西的處所		
	18	設備或工程，有標示防呆措施。		
	19	設備上沒有任意粘貼不相關之貼紙。		
	20	危險處所有作危險標示(黃色、斑馬斜線)。		
（油壓） 3 點組合	21	3 點組合的機油杯，有依規定量加油。		
	22	3 點組合的篩檢流程，污水未超規定量。		
	23	3 點組合的壓力錶，設定值標示未髒汙。		
測定儀器 量具測定 器計測器	24	測定儀器沒有污垢或生銹。		
	25	測定儀器的金屬部份，設有隔離以防碰撞。		
	26	測定儀器的擺置場所，有遵守規定。		
	27	測定儀器的檢驗標記，未超過標示期間。		

項目		查檢內容	作業基準	判定
潤滑	28	潤滑供油口，有依規格標示潤滑液面。		
	29	油桶有標示下次清洗及換油日期。		
	30	潤滑分油器或齒輪箱漏油。		
各種機器	31	制動開關有標示開閉狀態。		
	32	必要的螺絲，有標示吻合記號。		
	33	皮帶護蓋，有依規格標明尺寸及條數。		
	34	馬達有張貼溫度標貼紙（0.75KW 以上）。		
	35	回轉部有標示方向指示。		
	36	刃具有標示檢點、更換週期。		
	37	模具、治工具有標示名稱（編號）。		
	38	刃具、工具有遵守設定之放置場所。		
	39	極限開關有對切削粉屑、油垢等做清除。		
碼錶	40	計器（壓力計、電壓計等）無污垢。		
	41	計器（壓力計、油面計、電壓計等）各有標示範圍設定。		
配線、配管	42	配管、油氣壓裝置部位，沒有漏油。		
	43	一次配管有標示規定的流向與識別。		
	44	配線有綁束，井然排列。		
	45	折動部位的配線，未與其他部份碰觸。		
	46	配線之導管絕緣漆包線，沒有破損。		
	47	配線、配管接頭部，沒有鬆脫、破損。		
分電盤控制盤操作盤	48	盤內無垃圾或不必要物品。		
	49	盤內備有配線圖。		
	50	盤之縫隙的封密狀態良好，完全密閉。		
	51	盤體沒有不必要的洞口。		
	52	盤體沒有亂塗或不必要的貼紙。		
	53	盤面電流錶示燈有點亮。		
作業台	54	作業台未置不必要之物品。		
	55	作業台無污垢、無破損。		
公佈欄	56	公佈物無污垢、無破損。		
	57	不要（已過效期）的東西，沒有公佈。		
	58	標示物高度一致，有直線、直角的張貼。		
其他（管理）	59	5S 責任分擔圖示，明顯吊掛於生產線上。		
	60	操作員能自答自己的 5S 責任區域。		

五、5S 活動的檢討與改善

1. 問題點的檢討

5S 活動的導入期，要經常檢討存在的問題點，至少每週一次，如果一個月不檢討，就會發現問題成堆，活動難以推行。5S 開始實施的時候，常見以下問題：

⑴員工積極性不高，甚至有抵制情緒；

⑵長期的不良習慣難以改變；

⑶ 5S 責任區域劃分不均勻；

⑷ 5S 評比活動有失公正。

2. 問題點的整理

5S 活動的幹事依 5S 評分記錄表中記錄的問題點進行整理，統計各部門的總缺點數量及主要缺點項目。作成各部門重點改善項目，並以 5S 活動整改通知傳達至各部門，要求在限期內進行整改至驗證合格為止。

表 13-9　5S 活動整改通知單

部門別：　　　　　　　　　　　　　　　　編號：

項目	整改內容	責任人	整改期限	驗證時間	驗證人
發文單位			簽收單位		

3. 問題的層別

在 5S 活動的問題點中，以層別列出重點問題，針對少數的重點問題進行改善，以促進改善活動的成效。

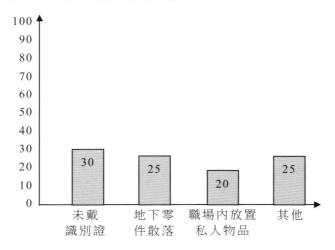

結論：

· 未戴識別證

· 地上零件散落

· 職場的內放私人物品

以上三項內容為少數的重點問題，佔總問題的 75%。針對重點問題，進行原因分析，制訂改問對策，責成責任者限期改善。如表 13-10 所示。

4. 納入日常管理活動

5S 活動的實施要不斷進行檢討改善以及效果確認，當確認改善對策有效時，要將其標準化、制度化，納入日常管理活動架構中，將 5S 的績效能率、設備的稼動率、客訴率、出勤率、工業傷害率等併入日常管理中。如表 13-11 所示。

表 13-10 問題點對策表

編號	問題點	原因分析	對策	改善期限
1	沒有戴識別證	1. 識別證遺失沒及時補上； 2. 幹部未能嚴格要求。	1. 遺失登記申請； 2. 早會進行儀容檢查，幹部加強要求。	月 日
2	地上零件散落	1. 零件散落沒有拾起； 2. 搬運工具方式不當； 3. 作業不小心。	1. 幹部加以巡視和要求； 2. 搬運工具和容器加以改進； 3. 作業台加以改進。	月 日
3	職場內放私人物品	1. 員工未遵守有關規則； 2. 私人物品櫃不足。	1. 嚴格要求員工遵守； 2. 確認每位員工物品櫃情況。	月 日

表 13-11 日常管理表

編號	管理項目	目標	基準	管理方式
1	能率			
2	稼動率			
3	綜合效率			
4	不良率			
5	5S 得分			
6	出勤率			
7	客訴率			
8	工傷率			

六、5S 推動審核辦法

1. 目的
使公司 5S 審核工作更加系統化、制度化，切實保證審核工作公平，公正地開展，營造更優美、舒適的工作生活環境。

2. 審核辦法
(1) 範圍
適用於全公司。

(2) 被審核單位
作業區以課為單位，辦公區以部門或課為單位，宿舍以每間宿舍為單位進行稽核評比。

(3) 評委
①組織：主要由被稽核單位課長級（含）以上人員擔任，每次稽核評比時間由 5S 推行委員會臨時抽調。

②審核小組的組成：各區域審核小組成員主要包括推行委員會執行組長 1 人，審核委員 5 人，以小組方式迴圈作業。

③職責。

· 對廠區各單 5S 責任區域進行審核評分。

· 協助推行委員會制訂和完善各項審核標準。

· 按規定完成審核工作，並將審核資料及時提報推行委員會。

· 對各單位 5S 缺失提出改善建議，並進行缺失改善效果的追蹤。

· 輔導各單位開展 5S 活動。

(4) 審核時機
由推行委員會每月不定期對各參評單位進行 1～2 次審核，並追

蹤每次審核中整改措施的落實。審核時間由推行委員會安排，具體審核時間和審核單位可以不提前通知被審核單位。

⑸審核依據

依據各區域 5S 審核評分細則對相關單位進行審核，主要包括《作業區域 5S 審核標準》、《倉庫區域 5S 審核標準》、《辦公區域 5S 審核標準》、《宿舍區域 5S 審核標準》等。

⑹審核缺失確認、記錄、評分

①各審核人員依審核標準進行審核，發現缺失時應在審核記錄表上記錄缺失內容並依評分細則進行打分，經責任單位主管或代理人確認。評委及時向被審核單位指出該單位所存在的問題點及提出改善的建議等。

②審核時，審核人員以所見事實是否符合標準進行評判，全部符合的給全分，未達到的項目不給分，對 5S 活動有創意改善的單位，給予總分加 1 分。

③對於 5S 落實徹底、極為規範的場所和 5S 推進極差、極不規範的場所，均可進行拍照曝光，對缺失改善需在限期內完成。

⑺缺失問題追蹤

①推行委員會每月及時將各單位缺失、問題進行公佈，並敦促各單位限期整改。

②對各單位未改善的缺失問題，在下次審核中予以減分，以後繼續追蹤。

⑻每月成績統計、排名

①各區域、各單位每月 5S 審核總分均為 100 分，以實際審核時各評委所給的平均分作為實際得分，按實得分數高低進行排名。每次審核時對各單位前一次的整改項目未落實者，按未整改項目多少，在

本次審核的總分中扣 1～3 分。

②統計結果呈推行委員會主任核准後向全公司公佈。

(9)獎勵與處罰

①推行委員會按各區域的參評單位進行評比，根據排名先後進行獎勵與處罰。

七、5S 活動審核基準表

表 13-12　5S 活動審核基準及評估表

評估對象	評估項目	評分				
		5	4	3	2	1
工作場所	工作台、工具架、地板上是否放有不必要的物品？					
	物品是否堆放在會影響工作的地方？或堆放在通道上影響通行？					
	物品是否堆放在滅火器或配電盤前？					
	是否到處都有垃圾和碎屑？					
	打掃後，是否能保持清潔？					
工具	是否保持隨時可用的狀態？					
	是否有破損、汙損的現象？					
	是否放有不必要的物品？					
	保管位置是否容易區分？					
	使用後是否按修理工具和器具類分類放置？					
	工具架上的工具箱是否整頓良好？					
器具備用品	個人使用的物品與公用物品是否混淆不清？					
	公用物品的放置場所與使用規則是否明確？（什麼東西放在什麼場所是否有標誌？）					
	關於種類、數量方面，是否保管有不必要的物品和多餘物品？					
	是否保持隨時能取用的狀態？					
	保管和保存的負責人是否確定？					
	使用後是否恢復原來的狀態？					
	是否保持清潔的狀態？					

評估對象	評估項目	評分				
		5	4	3	2	1
標誌	通道與工作區域是否有明確的分界線？					
	消防栓前是否有足夠進行消防活動的空間？					
通道	通道是否用白線等標誌出來？					
	通道的路面上是否堆放有物品？					
	通道的路面上是否很滑，有容易使人跌倒的危險物品？					
	不得不在通道上工作時，是否有必要的標誌？					
倉庫	保管：保存場所是否容易區分？					
	作廢的日期是否明確（文件）？					
	管理負責人是否確定？					
	是否保持隨時能取出、隨時可用的保管狀態？					
	是否有不屬於該放置場所的物品散亂堆放？					
	通道上和架子的週圍是否有堆放物品？					
	不必要的物品是否得到妥善處理？					
	保管架、工作台、梯子、踏板、踏腳等備用品是否保持正常狀態？另外，是否有破損？					
	是否有個人的物品混淆其中？					
	是否明確保管有什麼物品？					
	保管物品中是否有超過作廢日期的物品？					
	保存：保管物品的調換、重新整理的時間和負責人是否確定					
合計						
評分計算： $(5×\square+4×\square+3×\square+2×\square+1×\square)×2/$評估項目數＝						

註 1：評估 5S 中做得不夠好的項目，在欄內打 √ 。

註 2：評分分為 5 個階段，請在欄內打 √ 。

表 13-13　5S 活動審核基準（製造）

項目		分數·基準				
		1	2	3	4	5
清	通道	落有煙頭等	落有垃圾（除煙頭）	沒有垃圾，有油漆脫落現象	整潔	整理得非常整潔
	地板	同上	有紙屑等垃圾	顯得骯髒	整潔	同上
	工作台	零亂堆放著點心等私人物品	堆放零亂	同上	整潔	同上
	天花板	有蜘蛛網等	有雨垢等，非常髒	還貼有舊告示，顯得骯髒	不骯髒	十分乾淨
	壁面	有破損、破裂，很骯髒	有汙跡和部份破損現象	骯髒，有灰塵	只貼有有效期限內的告示	同上
	窗戶	玻璃破裂	同上	粘有油污	乾淨	同上
	設備修理工具	履帶上粘有渣滓、鏽和油污等	粘有灰塵	清掃用具的懸掛方法不恰當	同上	整理得非常整潔
掃	垃圾箱	沒有必要的垃圾箱	垃圾箱很少，不使用	清掃用具的懸掛方法不恰當	物品很乾淨，收拾得大致整齊	在垃圾箱，清掃用具上花了不少的功夫
	設備	不能使用的故障設備	設備上總有灰塵	設備排列沒有考慮使用上的方便	大致上比較整齊	設備安排充分考慮了使用機能
	設備檢查基進	沒有檢查	將檢查委託給負責人	有基準但沒按基準的規定進行檢查	大致按照基準規定實施檢查	任何人都能按基準進行檢查
	零件材料	只有負責人才知道東西在什麼地方	有專門的材料和零件放置區域，但堆放極其紊亂	稍微有點紊亂	很整齊	有相應的標誌能立即取出來使用
	修理工具	同上	有專門的工具放置區域，但亂堆放	稍微有點紊亂	必要的工具都掛在工具板上	能立即看出要的東西在什麼地方

續表

項目		分數・基準				
		1	2	3	4	5
清掃	文件	同上	表桌子，抽屜，但相當紊亂	整理後需保管	有相應的	同上
	單據	同上	同上	同上	同上	同上
	工具架的標誌	完全沒有	有，但很髒看不清楚	有部份不恰當的地方	大致上有明確的標誌	標誌明確，即使是新員工也能立即區分出來
	滅火器		不足	有，但超過使用期限		能立即取出，並立即使用
整理	通道	無通道，即使有也是彎曲的	通道上散落有物品，不便推車通行	通道上堆放有物品，不便通行	通道什麼也沒有，便於通行	將通道與工作區域用白線劃分開來。
	工作台下	堆滿了零件和材料等	放有零件、材料和私人物品	沒放不必要的物品，但很骯髒	很乾淨	整理得非常整潔
	工具架中	堆滿必要的物品和私人物品	放有不必要的物品和私人物品	放置雜亂	整理得很規範	整理得非常整潔
	工具架上	不必要的物品和私人物品堆積	同上	粘有灰塵	很乾淨	同上
	材料零件放置區	如堆放雜亂	第三者不知道東西放在什麼地方	沒有不必要的物品，但很零亂	整理得很規範	整理得非常規範
	產品半成品放置區	同上	同上	同上	同上	同上
	告示板	貼有照片	還貼有半年以上不要的東西	貼有超過期限的東西	只貼有必要的東西，但沒有告示板	告示板上貼有期限內的告示
	機器旁邊	人無法通過	存在危險隱患	備有擦洗用具	工具、工具箱放置不當	整理得非常規範

八、5S 活動的獎懲制度

1.「5S」活動獎懲的目的在於鼓勵先進、鞭策後進，形成全面推進的良好氣氛。獎懲的具體實施應以促進 5S 工作進展為中心，不以懲罰為目的。

2. 全公司分為生產區、辦公區和宿舍三個賽區。根據評分結果生產區取前四名和最後兩名，辦公區取前二名和最後一名。第一名頒發綠色錦旗和獎金，第二、三、四名頒發獎金；最後一名除扣處罰金外另發給「加把勁」紅色旗一面，倒數第二名扣處罰金（明細如下）；宿舍結合「宿舍管理條例」單獨考核。

3. 為調整各組的操作難度差異性，制定出各組的加權係數（每年度進行調整），調整區域之間的差距。

4. 每 2 週 1 次由 5S 檢查人員依扣分標準及評分表到各區評分，評分力求客觀、公正。

5. 檢查過程中發現的缺點由檢查人員開出《整改單》要求各區應依表改進，並公佈於宣傳欄中。

6. 每月 20 日之前公佈各區第一次檢查結果；次月 6 日之前公佈各區上月的檢查結果及名次。

7. 獎懲標準（略）

表 13-14 辦公區評分表

項目	序號	標準內容	扣分
1.1 地面	1.1.1	辦公設施通道暢通明確	1.5
	1.1.2	地上無垃圾、無雜物,保持清潔	1.5
	1.1.3	暫放物有「暫放標識牌」	1.5
	1.1.4	物品存放於定位區域內	1.5
1.1 地面	1.1.5	地面無積水	1.5
	1.1.6	地面安全隱患處(突出物、地坑等)應有防範或警示措施	1.5
1.2 垃圾桶	1.2.1	定位擺放,標識明確	1.5
	1.2.2	本身保持乾淨,垃圾不超出容器口	1.5
1.3 盆栽(包括 台上擺設的)	1.3.1	盆栽需定位(無需定位線)	1.5
	1.3.2	盆栽週圍乾淨、美觀	1.5
	1.3.3	盆栽葉子保持乾淨,無枯死	1.5
	1.3.4	盆栽容器本身乾淨	1.5
2.1 辦公桌、椅	2.1.1	辦公桌定位擺放,隔斷整齊	1.5
	2.1.2	抽屜應分類標識,標識與物品相符	1.5
	2.1.3	台面保持乾淨,無灰塵雜物,無規定以外的物品。	1.5
	2.1.4	台面物品按定位擺放(除正在使用外),不擁擠凌亂	1.5
	2.1.5	人員下班或離開工作崗位 10 分鐘以上,台面物品、辦公椅歸位	1.5
	2.1.6	辦公抽屜不雜亂,公私物品分類放。	1.5
	2.1.7	與正在工作無關的物品應及時歸位	1.5
	2.1.8	玻璃下壓物儘量減少並放整齊,不壓日曆、電話表以外的資料	1.5
2.2 茶水間、 飲水區	2.2.1	地面無積水	1.5
	2.2.2	整潔、衛生	1.5
	2.2.3	飲水器保持正常狀態	1.5
	2.2.4	水杯、水瓶定位、標識	1.5
2.3 其他辦公 設施	2.3.1	熱水器、冷氣機、電腦、影印機、傳真機、碎紙機等保持正常狀態,有異常作出明顯標識	1.5
	2.3.2	保持乾淨	1.5
	2.3.3	明確責任人	1.5
	2.3.4	暖氣片及管道上不得放雜物	1.5

續表

項目	序號	標準內容	扣分
3.1 門、窗	3.1.1	門扇、窗戶玻璃保持明亮乾淨	1.5
	3.1.2	窗簾保持乾淨	1.5
	3.1.3	窗台上無雜物	1.5
	3.1.4	門窗、窗簾無破損	1.5
	3.1.5	有門牌標識	1.5
	3.1.6	門窗玻璃無亂張貼現象	1.5
3.2 牆	3.2.1	保持乾淨，無髒汙、亂畫	1.5
	3.2.2	沒有不要物懸掛	1.5
	3.2.3	電器開關處於安全狀態，標識明確	1.5
	3.2.4	牆身貼掛應保持整齊，表單、通知定位在公告欄內	1.5
	3.2.5	牆體破損處及時修理	1.5
	3.2.6	沒有蜘蛛網	1.5
3.3 天花板	3.3.1	破損處及時修復，沒有剝落	1.5
	3.3.2	沒有吊著不要物	1.5
3.4 公告欄、 看板	3.4.1	單位主要部門應有看板（如「人員去向板」、「管理看板」等）	1.5
	3.4.2	作好版面設置，標題明確，有責任人	1.5
	3.4.3	無過期張貼物	1.5
	3.4.4	員工去向管理板及時填寫、擦除	1.5
	3.4.5	筆刷齊備，處於可使用狀態	1.5
	3.4.6	內容充實，及時更新	1.5
4.1 文件資料、 文件盒	4.1.1	定位分類放置	1.5
	4.1.2	按規定標識清楚，明確責任人	1.5
	4.1.3	夾（盒）內文件定期清理、歸檔	1.5
	4.1.4	文件夾（盒）保持乾淨	1.5
	4.1.5	文件歸入相應文件夾（盒）	1.5
	4.1.6	單位組長以上管理人員應建立《5S 專用文件夾》，保存主要的 5S 活動資料	
4.2 文件櫃（架）	4.2.1	文件櫃分類標識清楚，明確責任人	
	4.2.2	文件櫃保持乾淨，櫃頂無積塵、雜物	
	4.2.3	文件櫃裏放置整齊	
	4.2.4	文件櫃內物品、資料應分區定位，標識清楚	

續表

項目	序號	標準內容	扣分
5.1	5.1.1	不穿時存放於私人物品區	1.5
服裝、鞋襪	5.1.2	服裝、鞋襪、洗漱用品放入指定區域	1.5
5.2 私物	5.2.1	一律擺放於私人物品區	1.5
6.1	6.1.1	按著裝規定穿戴服裝	1.5
著裝標準	6.1.2	工作服、帽、乾淨無破損	1.5
6.2	6.2.1	沒有呆坐，打瞌睡	1.5
規章制度	6.2.2	沒有聚集閒談或大聲喧嘩	1.5
	6.2.3	沒有吃零食	1.5
	6.2.4	不做與工作無關的事(看報、小說等)	1.5
	6.2.5	沒有擅自串崗、離崗	1.5
	6.2.6	配合公司 5S 活動，尊重檢查指導人員，態度積極主動	1.5
	6.2.7	單位班組長以上管理人員應建立《5S 專用文件夾》，保存主要的 5S 活動資料	1.5
	6.2.8	工作區域的 5S 責任人劃分清楚，無不明責任的區域	1.5
	6.2.9	《5S 區域清掃責任表》和點檢表要按時、準確填寫，不超前、不落後，保證 與實際情況相符。	1.5
6.2	6.2.10	單位應制定本單位「5S 員工考核制度」，並切實執行，保存必要之記錄	1.5
規章制度	6.2.11	單位應有「5S 宣傳欄(或園地)」，有專人負責，定期更換，並保存記錄	1.5
	6.2.12	單位經常對職工(含新員工)進行 5S 知識的宣傳教育，並有記錄	1.5
	6.2.13	單位建立經常性展會制度，廠房級每週至少一次，班組每天班前進行一次	1.5
	6.2.14	按《禮貌活動推行辦法》教育職工，要求員工待人有禮有節，不說髒話，懂禮貌	1.5
	6.2.15	各單位應制訂本單位《職業規範》，教育職工嚴格遵守	1.5
	6.2.16	要求單位成員對 5S 活動的口號、5S 意義、基本知識有正確認識，能夠表述	1.5
7.1 能源	7.1.1	厲行節約，無長流水，無長明燈等浪費	1.5

項目	序號	標準內容	扣分
8.1 休息室、休息區、會客室、會議室	8.1.1	各種用品保持清潔乾淨，定位標識	1.5
	8.1.2	各種用品及時歸位，凳子及時歸位	1.5
	8.1.3	飲用品應保證安全衛生	1.5
	8.1.4	煙灰缸及時傾倒，煙頭不亂扔	1.5
	8.1.5	地面保持乾淨	1.5
8.2 洗手間	8.2.1	保持清潔，無大異味，無亂塗畫	1.5
	8.2.2	各種物品應擺放整齊，無雜物	1.5
8.3 清潔用具	8.3.1	清潔用具定位擺放，標識明確	1.5
	8.3.2	本身乾淨，容器內垃圾及時傾倒	1.5
9.1 加減分	9.1.1	同一問題重覆出現，重覆扣分	2
	9.1.2	發現未實施整理整頓清掃的「5S實施死角」處	10
	9.1.3	有突出成績的事項（如創意獎項），視情況加分	＋2

表 13-15　作業區評分表

評分日期：　　　　　　　　　　　　　　　　評分委員：

項目	序號	標準內容	扣分
1.1 地面上	1.1.1	地面物品擺放有定位、標識、合理的容器	1.5
	1.1.2	地面應無污染（積水、油污、油漆等）	1.5
	1.1.3	地面應無不要物、雜物和衛生死角	1.5
	1.1.4	地面區域劃分合理，區域標識清晰無剝落	1.5
	1.1.5	應保證物品存放於定位區域內，無壓線	1.5
	1.1.6	安全警示區劃分清晰，有明顯警示標識，懸掛符合規定	1.5
	1.1.7	地面的安全隱患處（突出物、地坑等）應有防範或警示措施	1.5
1.2 設備、儀器、儀錶、閥門	1.2.1	開關、控制面板標識清晰，控制對象明確	1.5
	1.2.2	設備儀器保持乾淨，擺放整齊，無多餘物	1.5
	1.2.3	設備儀器明確責任人員，堅持日常點檢，有必要的記錄，確保記錄清晰、正確	
	1.2.4	應保證處於正常使用狀態，非正常狀態應有明顯標識	
	1.2.5	危險部位有警示和防護措施	
	1.2.6	設備閥門標識明確	
	1.2.7	儀錶錶盤乾淨清晰，有必要的範圍標識	

續表

項目	序號	標準內容	扣分
1.3 材料、物料	1.3.1	區域合理劃分，使用容器合理，標識明確	1.5
	1.3.2	各種原材料、半成品、成品應整齊碼放於定位區內	1.5
	1.3.3	不合格品應分類碼放於不合格品區，並有明顯的標識	1.5
	1.3.4	物料、半成品及產品上無積塵、雜物、髒汙	1.5
	1.3.5	零件及物料無散落地面	1.5
1.4 容器、貨架	1.4.1	容器、貨架等保持乾淨，物品分類擺放整齊	1.5
	1.4.2	存放標識清楚，標誌向外	1.5
	1.4.3	容器、貨架標識明確，無過期及殘餘標識	1.5
	1.4.4	容器、貨架無破損及嚴重變形	1.5
	1.4.5	危險容器搬運應安全	1.5
1.5 堆高車、 電瓶車、 拖車	1.5.1	定位停放，停放區域劃分明確，標識清楚	1.5
	1.5.2	應有部門標識和編號	1.5
	1.5.3	應保持乾淨及安全使用性	1.5
	1.5.4	應有責任人及日常點檢記錄	1.5
1.6 工具箱、櫃	1.6.1	櫃面標識明確，與櫃內分類對應	1.5
	1.6.2	櫃內工具分類擺放，明確品名、規格、數量	1.5
	1.6.3	有合理的容器和擺放方式	1.5
	1.6.4	各類工具應保持完好、清潔，保證使用性	1.5
	1.6.5	各類工具使用後及時歸位	1.5
	1.6.6	櫃頂無雜物，櫃身保持清潔	1.5
1.7 工作台、凳、 梯	1.7.1	上面物品擺放整齊、安全，無不要物和非工作用品	1.5
	1.7.2	保持正常狀態並整潔乾淨	1.5
	1.7.3	非工作狀態時按規定位置擺放（歸位）	1.5
1.8 清潔用具、 清潔車	1.8.1	定位合理不堆放，標識明確，及時歸位	1.5
	1.8.2	清潔用具本身乾淨整潔	1.5
	1.8.3	垃圾不超出容器口	1.5
	1.8.4	抹布等應定位，不可直接掛在暖氣管上	1.5
1.9 暫放物	1.9.1	不在暫放區的暫放物需有暫放標識	1.5
	1.9.2	暫放區的暫放物應擺放整齊、乾淨	1.5

續表

項目	序號	標準內容	扣分
1.10 呆料	1.10.1	有明確的擺放區域，並予以分隔	1.5
	1.10.2	應有明顯標識	1.5
	1.10.3	做好防塵及清掃工作，保證乾淨及原狀態	1.5
1.11 油桶、油類	1.11.1	有明確的擺放區域，分類定位，標識明確	1.5
	1.11.2	按要求擺放整齊，加油器具定位放置，標識明確，防止混用	1.5
	1.11.3	油桶、油類的存放區應有隔離防汙措施	1.5
1.12 危險品(易燃 有毒等)	1.12.1	有明確的擺放區域，分類定位，標識明確	1.5
	1.12.2	隔離擺放，遠離火源，並有專人管理	1.5
	1.12.3	有明顯的警示標識	1.5
	1.12.4	非使用時應存放於指定區域內	1.5
1.13 通道	1.13.1	通道劃分明確，保持通暢，不佔道作業	1.5
	1.13.2	兩側物品不超過通道線	1.5
	1.13.3	佔用通道的工具、物品應及時清理或移走	1.5
	1.13.4	通道線及標識保持清晰完整	1.5
2.1 牆身	2.1.1	牆身、護牆板及時修復，無破損	1.5
	2.1.2	保持乾淨，沒有剝落及不要物，無蜘蛛網、積塵	1.5
2.1 牆身	2.1.3	貼掛牆身的各種物品應整齊合理，表單通知歸入公告欄	1.5
	2.1.4	牆身保持乾淨，無不要物(如過期標語、封條等)	1.5
	2.1.5	主要區域、房間應有標識銘牌或佈局圖	1.5
	2.1.6	生產現場應無隔斷遮擋、自建房中房等	1.5
2.2 資料、 標識牌	2.2.1	應有固定的擺放位置，標識明確	1.5
	2.2.2	作業指導書、記錄標識牌等掛放或擺放整齊、牢固、乾淨	1.5
	2.2.3	標牌、資料記錄正確具有可參考性	1.5
	2.2.4	單位組長以上管理人員應建立《5S 專用文件夾》，保存主要的 5S 活動資料文件	1.5
2.3 宣傳欄、 看板	2.3.1	單位主要班組應有看板(如「班組園地」、「管理看板」等)	1.5
	2.3.2	乾淨並定期更換，無過期公告，明確責任人	1.5
	2.3.3	版面設置美觀、大方，標題明確，內容充實	1.5

續表

項目	序號	標準內容	扣分
2.4 桌面	2.4.1	現場桌面無雜物、報刊雜誌	1.5
	2.4.2	物品擺放有明確位置、不擁擠凌亂	1.5
	2.4.3	桌面乾淨、無明顯破損	1.5
	2.4.4	玻璃下壓物儘量減少並放整齊，不壓日曆、電話表以外的資料	1.5
2.5 電器、電線、 開關、電燈	2.5.1	開關須有控制對象標識，無安全隱患	1.5
	2.5.2	保持乾淨	1.5
	2.5.3	電線佈局合理整齊、無安全隱患（如裸線等）	1.5
	2.5.4	電器檢修時需有警示標識	1.5
2.6 消防器材	2.6.1	擺放位置明顯，標識清楚	1.5
	2.6.2	位置設置合理，有紅色警示線，線內無障礙物	1.5
	2.6.3	狀態完好，按要求擺放，乾淨整齊	1.5
	2.6.4	有責任人及定期點檢	1.5
2.7 輔助設施	2.7.1	風扇、照明燈、冷氣機等按要求放置，清潔無雜物，無安全隱患	1.5
	2.7.2	日用電器無人時應關掉，無浪費現象	1.5
	2.7.3	門窗及玻璃等各種公共設施乾淨無雜物	1.5
	2.7.4	廢棄設備及電器應標識狀態，及時清理	1.5
	2.7.5	保持設施完好、乾淨	1.5
	2.7.6	暖氣片及管道上不得放雜物	1.5
3.1 著裝及 勞保用品	3.1.1	勞保用品明確定位，整齊擺放，分類標識	1.5
	3.1.2	按規定要求穿戴工作服，著裝整齊、整潔	1.5
	3.1.3	按規定穿戴好面罩、安全帽等防護用品	1.5
	3.1.4	晾衣應有專門區域，應不影響房間美觀	1.5

續表

項目	序號	標準內容	扣分
3.2 規章制度	3.2.1	工作時間不得睡覺、打瞌睡	1.5
	3.2.2	不聚集閒談、吃零食和大聲喧嘩	1.5
	3.2.3	不看與工作無關的書籍、報紙、雜誌	1.5
	3.2.4	不亂丟煙頭（工作區、廠區）	1.5
	3.2.5	配合公司 5S 活動，尊重檢查指導人員，態度積極主動	1.5
	3.2.6	要求單位成員對 5S 活動的宣傳口號、意義、基本知識有正確認識，能夠表述	1.5
	3.2.7	沒有擅自串崗、離崗	1.5
	3.2.8	單位班組長以上管理人員應建立《5S 專用文件夾》，保存主要的 5S 活動資料文件	1.5
	3.2.9	工作區域的 5S 責任人劃分清楚，無不明責任的區域	1.5
	3.2.10	《5S 區域清掃責任表》和點檢表要按時、準確填寫，不超前、不落後，保證與實際情況相符。	1.5
	3.2.11	制定本單位「5S 員工考核制度」並切實執行，保存記錄	1.5
	3.2.12	單位應有「5S 宣傳欄（或園地）」，有專人負責，定期更換，並保存記錄	1.5
	3.2.13	經常對職工（含新員工）進行 5S 的宣傳教育，並作記錄	1.5
	3.2.14	建立經常性的晨會制度，廠房級每週至少一次，班組每天班前進行一次	1.5
	3.2.15	按《禮貌活動推行辦法》教育職工，要求員工待人有禮有節，不說髒話，懂禮貌	1.5
	3.2.16	各單位應制訂本單位《職業規範》，教育職工嚴格遵守	1.5
3.3 生活用品、私人物品	3.3.1	定位標識，整齊擺放，公私物品分開	1.5
	3.3.2	水壺、水杯按要求擺放整齊，保持乾淨	1.5
	3.3.3	毛巾、洗漱用品、鞋襪等按要求擺放整齊，保持乾淨	1.5
4.1 加減分	4.1.1	同一問題重覆出現，重覆扣分	2
	4.1.2	發現未實施整理整頓清掃的「5S 實施死角區域」1 處	10
	4.1.3	有突出成績的事項（如創意、革新），視情況加分	+2

| 第二部　5S 管理的推動重點 |

第 *14* 章

5S 活動的成果發表會

一、5S 成果發表會

5S 成果發表會是推行 5S 活動的重要組成部份，它能給員工提供一個展示的平台，讓員工在發表會上展示自我，體會成就感，鍛鍊員工的總結和發表的能力。通過發表會，大家可以相互切磋交流，分享 5S 活動所帶來的成果。更重要的是，為了在發表會上展示精彩，在會期到來之前，推行小組和小組成員，都會感到一種無形和積極向上的壓力。

1. 5S 成果發表會的時機選擇

通常，5S 成果發表會是在企業推行 5S 活動取得一定的成效情況下舉行的，從開始推行到成果發表，一般需一年左右的時間。成果發表會並不代表 5S 活動的結束，而是 5S 活動循環往復持續改善的開始。

2. 會前準備

會前要做一些必要的準備工作。5S 成果發表會也是一樣。首先，

推行委員會要召開會議進行佈置，主要有以下幾項內容：

⑴各責任部門要推選一名代表作演講發言，要求演講者語言表達能力強，儀表大方，富有感染力；

⑵要想演講內容豐富多彩，會前必須做大量的收集資料工作，各責任部門可對演講稿進行反覆修改，必要時演講者可進行彩排，以確保正式演講時的效果；

⑶會議的工具準備，如電腦、投影儀、實物展台、音響等；

⑷演講稿的內容要求製成幻燈的形式，這樣可增強演講的效果。時間控制在 5～10 分鐘；

⑸ 5S 成果發表會通常要組織評比，對產生的前三名要進行表彰，並頒發相應的獎區和獎金。評委會成員可由 5S 推行委員會委員組成，也可由現場的各位來賓擔任。評比採用打分的形式，打分的標準主要是演講人的演講內容是否豐富以及演講人的儀錶、談吐兩項，分值各佔 50%。演講結束後，由工作人員進行統計，產生名次，並由主持人當場宣佈，公司領導進行頒獎。

3.演講稿的內容

⑴發表者自我介紹；

⑵本單位 5S 實施工作內容介紹；

表 14-1　5S 成果發佈會成績評分表

發表順序	演講單位	演講人	得分	備註
1				
2				
3				
4				

註：⑴本次評分滿分為 10 分；
　　⑵演講人的演講內容、談吐各佔 50%。

⑶ 5S 實施前後照片對比介紹；

⑷ 本單位 5S 檢查制度介紹；

⑸ 5S 感言。

4. 5S 成果發表會程序

⑴主持人向各位來賓簡單介紹一下企業的發展歷程以及開展 5S 活動的情況；

⑵單位講話；

⑶成果發佈；

⑷公佈演講者獲獎名單；

⑸頒獎；

⑹參觀。

二、5S 活動發表會的籌備

1. 成果發表會時間程序表
2. 活動方式

⑴為評估 5S 活動成果，藉成果發表會相互觀摩，並藉此提升全體品管水準。

⑵發表日期：＿＿＿＿＿＿＿＿＿＿＿＿＿＿＿

⑶發表單位：＿＿＿＿＿＿＿＿＿＿＿＿＿＿＿

⑷發表地點：＿＿＿＿＿＿＿＿＿＿＿＿＿＿＿

⑸評審委員：董事長、副董事長、總經理、副總經理及品管學會代表。

⑹發表資料整理：發表圈之成果資料，應於活動結束後 2 個星期經廠部主管認可後，送品管部審核，並納入追蹤。

表 14-2　成果發表會時間程序表

時間	項目
12：40〜12：55	大會開始，主席致詞
12：55〜13：00	介紹評審辦法及評審委員，發表開始
13：00〜13：15	第 1 圈發表
13：15〜13：20	質詢交流
13：20〜13：35	第 2 圈發表
13：35〜13：40	質詢交流
13：40〜13：55	第 3 圈發表
13：55〜14：00	質詢交流
14：00〜14：15	第 4 圈發表
14：15〜14：20	質詢交流
14：20〜14：30	休息
14：30〜14：45	第 5 圈發表
14：45〜14：50	質詢交流
14：50〜15：05	第 6 圈發表
15：05〜15：10	質詢交流
15：10〜15：25	第 7 圈發表
15：25〜15：30	質詢交流
15：30〜15：45	第 8 圈發表
15：45〜15：50	質詢交流
15：50〜16：10	評審講評（統計，評分）
16：10〜16：30	上級講評（總經理、董事長）
16：30〜16：35	頒獎、散會

(7) 發表方式：採用投影機、投影片（投影片規格 A4，四週角邊 2.5cm）。

(8) 發表時間：每圈發表時間為 15´±2´，每超過 30 秒扣總平均分數 0.5 分，質詢時間為 3 分鐘，預計每圈上台時間為 20 分鐘。

⑼活動期間：12 月 11 日起次年 5 月 31 止。

（活動數據資料時間）

⑽獎勵辦法：第 1 名 6000 元，第 2 名 5000 元，第 3 名 4000 元，其餘優秀圈各得獎金 2000 元，前 3 名頒錦旗乙面，優秀圈頒獎狀乙紙，以資獎勵。

⑾各圈所需製作費用：由各單位向廠務部實報實銷為原則。

⑿場地佈置工作分配如下：

①座椅、發表台、茶水、盆花、窗戶佈置、黑色板、飯盒，由廠務部負責。

②電視、錄影機轉播線路配置及燈光佈置由技術部負責。

③電視錄影轉播、電視配置、場所規劃及其它由品管部負責。

⒀場地佈置完成日期：舉行發表日前一天完成。

⒁本次發表前 3 名，凡派往參加全國性發表會，圈長及發表人得予嘉獎乙次。

⒂參加發表會人員：製造部門所屬全員參加，總公司派員參加，由總經理室調配。

⒃發表會當天飯盒供應，各單位人員應準時，12 點到達餐廳，並派人向廠務課負責人員領取飯盒。

3. 5S 活動發表會須知摘要

⑴課(股)長講評內容

①輔導情形。

②推行重點。

③發表內容補充。

④活動中的困難點如何指導克服。

⑤今後應努力的方針。

⑵質詢內容

①由課（股）長主答。

②質詢內容限於發表數據範圍內，儘量簡短扼要。

③對發表圈之具體建議。

④發表單位人員不得提出質詢。

⑤質詢人請先報所屬單位與姓名。

以某公司 5S 成果發表會為例，摘錄其中的兩篇演講稿，供讀者在活動中參考（演講稿在演講時為幻燈形式）。

各位來賓、主審、同事們：

下午好！

首先，我代表倉庫全體員工對參加這次發表會的各位來賓和同事們表示熱烈地歡迎和衷心的感謝。下面我就倉庫的「5S」推展情況向各位作總結彙報。

以下是我報告的主要內容：

一、易耗品倉庫簡介

我們倉庫目前位於公司第 2 號庫區。分為五大區域（塑件區域、油漆區域、設備配件區域、勞保用品區域及辦公用品區域）。倉庫總面積 5000 平方米，堆放面 3500 平方米，佔總面積的 70%。倉庫記憶體有 100 多個品種、3000 多個規格的設備配件輔助材料以及一些勞保用品和衛生用品等物資。我們倉庫擁有統計員 1 人、保管員 4 人和物料配送員 6 人。承擔著製造中心和其他一些部門的物資的收料、備料、發料、退料、整理、保管等工作。

二、5S 導入和執行情況簡介

由於公司生產發展速度較快，又加上物料品種多、規格多、倉庫

資源相對不足，從而導致了倉庫混用、物料無法定位，尋找困難、進出困難、盤點困難、道路不暢等諸多不合理現象。

自從我們公司導入「5S」管理模式以來，我們倉庫全體員工積極回應。

導入初期，由於我們員工對公司推展「5S」管理缺少足夠的認識和實施的相應知識，工作進度相對緩慢，改善效果不夠理想。針對倉庫上述的具體情況，我們在公司 5S 推行委員會的輔導下，對倉庫全體員工進行「5S」管理知識培訓，使他們對什麼是「5S」管理、其重要性在那裏、其目的是什麼、具體要求怎樣、如何實施等幾方面有了較為全面的瞭解。同時，我們要求公司擴充倉庫，並想方設法挖掘內部潛力，搭建平台，合理利用空間，擴大堆放面積達 500 平方米，有效地提高了倉庫的利用率。並製作了各倉庫物料堆放區域圖，對所有倉庫的材料堆放作了明確的標示。

為了有效地實施「5S」管理，我們對所屬倉庫劃分區域、落實責任到人，並經常檢查監督，把所發生的問題及時拍攝下來，予以公佈，限期改善，並指出原因及今後的預防方法。另外，我們還通過早會形式對倉庫的「5S」實施所取得的成果給予肯定，對存在的問題進行檢討並限期整改。通過上級的大力支持和我們倉庫全體員工的共同努力，目前已基本改善了上述不良現象，使倉庫面貌煥然一新。

三、下一步的工作計劃

上面這些圖片我們可以看到自從導入「5S」管理以來所取得的一些成績，但是，我們也還只是取得了階段性的成果，離「5S」管理的要求和公司的目標相距甚遠。 「5S」工作還必須持之以恆地堅持下去。

我們下一階段推展「5S」管理的計劃是：加強管理、相互學習；鞏固成績、消除自滿；消除被動、繼續努力；激勵先進、鞭策後進。

改善不合理現象、減少不必要的浪費，以提高工作效率；促進先進先出，減少呆料；加強溝通、加強合作，及時處理和利用呆廢料；消滅不良習慣、養成良好習慣，促進我們倉庫的「5S」管理再上一個台階，逐步形成一個人人參與「5S」、人人愛護「5S」的良好環境，使「5S」這棵現代管理的優良「果樹」深深紮根在我們公司，並茁壯成長、開花結果。

四、開展 5S 活動的心得和體會

簡單點說，一句話：事在人為，持之以恆。只要我們有決心、充滿信心、用心去做、有恒心，我們一定會做得更好。

三、5S 活動成果的交流

為鼓勵全員參與，提高員工士氣，定期進行 5S 活動成果發佈、交流及評價活動，表揚先進品管圈 QCC 小組，崇尚「人人參與，個個爭先」的企業 QCC 活動氣氛，對企業整體素質的提高和員工精神面貌的改觀具有十分重要的意義。

5S 活動報告已形成比較固定的報告格式，主要是依據 PDCA 循環的模式來進行，一般分為如下幾個步驟。

1. 5S 活動介紹

一般有如下幾項內容：

(1)圈名。

(2)圈長。

(3)圈員人數/圈員。

(4)活動日期。

2.活動陳述

活動陳述一般有如下幾項內容：

(1)活動主題。

(2)選題理由。

(3)活動目標。

3.活動計劃

活動計劃一般包括活動計劃表或進度安排及相關項目的負責

人，如表 14-3 所示。

表 14-3　活動計劃

項目	日期								負責人
	1/8	2/8	3/8	4/8	1/9	5/9	10/9	15/9	
1. 組圈	→								A
2. 選定題目及目標		→							B
3. 要因分析			→						C
4. 瞭解事實				→					D
5. 設定目標								→	E
6. 思考對策						→			F
7. 最佳方案							→		G
8. 對策實施						→			H
9. 效果確認							→		I
10. 標準化								→	J
11. 成果比較及資料整理								→	K
12. 發表及交流								→	L

4.活動實施

品管圈活動實施一般有如下幾項內容：

(1)分析原因，採取對策。

(2)優選方案，採取最佳對策。

(3)對策實施。

5. 活動檢查

品管圈活動檢查階段的內容：活動對策實施後的效果確認，是否達到預期的改善目標，是否需要繼續進行改善。並對下階段的 5S 活動進行檢查，以確定下一階段的行動。

6. 下一階段的品管圈行動

下階段的行動內容，根據本次活動的進展情況再進行確定。

心得欄

第 *15* 章

5S 活動的制度化——標準化

一、標準化的作用

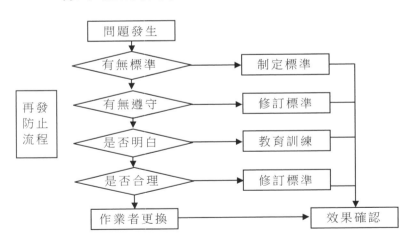

在工廠管理中，標準化的作用主要有下面五點：

1. 降低成本

標準是現場人員多年智慧和經驗的結晶，代表了最好、最容易、

最安全的作業方法。這些標準的有效執行必然能提高生產效率、降低生產損耗、減少浪費，也就等於間接地降低了生產成本。而產品設計中的標準化推進則能直接地降低我們的生產成本。

2. 減少變化

變化是工廠管理的大敵，推進標準化，可以通過規範人們的工作方法來減少結果的變化。工廠裏員工的操作是根據作業指導書來進行的，這也是一種標準化。

但在某些工廠卻沒有作業指導書，他們採取的是這樣一種做法：先讓組長學會操作，然後再讓組長把操作方法教給員工。從某種角度上看，他們省去了寫作業指導書的時間，但在人員變動時（如辭工、病假），他們面對的卻只能是停產。而如果在執行了標準化的工廠裏出現這種情況，他們就可以隨便找一個員工，讓他根據作業指導書執行這個工序的工作就行了。所以，標準化是工廠管理效率、品質穩定的有力保證。

3. 便利性和相容性

古時的鞋、衣、帽是沒有統一尺碼的，本人不去，很難買到合適的，當然也沒法大批量製作，價格居高不下——窮人是買不起的。

現在好了，標準化為各行各業提供了極大的便利性和相容性，大批量生產使商品更加物美價廉，連網上購物也越來越走近我們。

4. 積累技術

如果一個員工在工作實踐中找到了做某項工作的最佳方法，卻沒有拿出來與他人共用，那麼這個方法將隨著這位員工的離去而流失。推進標準化，就可以讓這些好方法留在公司裏。

5. 明確責任

明確問題責任是我們採取針對性對策的關鍵，標準化的推進能讓

我們更簡單地確定問題的責任。

在推進了標準化的工廠裏，如果一項不好的操作導致了一個問題的出現，我們可以通過讓操作員重覆這項操作來確定問題的責任——是主管制定的作業指導書不好，還是操作員沒有完全按作業指導書操作。明確了責任之後，我們才有可能對今後的工作作出改進。

如果這樣的問題出現在沒有推進標準化的工廠裏，我們就沒有辦法確定問題的責任。因為沒有標準，我們無法確定操作員現在採用的方法是否就是組長當時教給他的方法，也就沒有辦法確定是組長的教育存在問題還是操作員的執行出了問題，下一步的改進也當然無法著手。

二、標準化的推進要點

標準化推進要點如下：
1. 抓住重點
利用柏拉圖原理，尋找出「重要的少數」，為「重要的少數」制訂標準。
2. 語言平實、簡潔
用平實、簡潔的語言描述標準，簡單扼要。
· 語言深奧、難懂——作業人員無法理解標準；
· 厚厚的大部頭——讓人望而生畏，不願意讀。

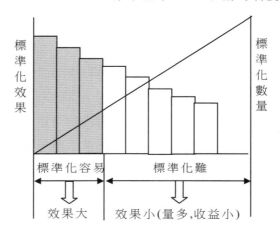

3. 目的和方法要明確具體地描述

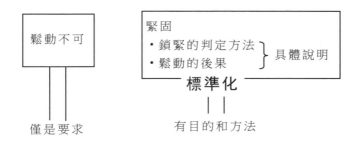

4. 注重內涵

標準，即便是手寫的也可以，不求華美莊重的漂亮外表，但要有豐富的內涵。

5. 明確各部門的責任

如頒佈實施、文件保管、培訓等，要求有管理規則。

6. 容易遵循

標準必須容易遵循，才能保證其徹底地貫徹執行。

制定前，要考慮遵守的難易度，確定合適的方法；在實施時經常確認遵守狀況，若遵守得不好則要調查原因，尋求對策。

7. 徹底實施

徹底執行標準很重要，如果不付諸實施，再好的標準也不過是一紙空文。

8. 修訂完善

沒有十全十美的標準，所有標準一開始都存在不同的問題，通過不斷使用、修正，才會逐漸完善。作為標準，還要注意：

- 全盤託付。只有目的，其他全部由操作者自己理解進行，這是最危險的做法。因為每個人的學識經歷都不同，對同樣的事自然有不同的理解。理解錯了，可能全盤皆錯。
- 詳細地指示做法。事無巨細，一一詳細指示，讓人難於遵守；而且因為太詳細，經常要修改。
- 最好適度。給出方向、目標，指出大概的做法最好。能保證上級精神的貫徹和下級積極性的發揮。

三、基本階段

5S 推進到了一定程度，就進入了標準化階段。標準化是制度化的最高形式，可運用到生產、開發、設計、管理等方面，是一種非常有效的工作方法。

5S 活動推進到一定的程度後，就要進入標準化階段。

標準化就是對於一項任務將目前認為最好的實施方法作為標準，讓所有做這項工作的人都執行這個標準並不斷地完善它，整個過程稱之為標準化。要使 5S 工作標準化，須做好以下事項。

- 制訂 5S 活動標準。
- 確定 5S 不符合項目分類基本準則。

- 制訂 5S 審核評分制度。
- 製作每人每天 5 分鐘自我檢查表。
- 統一一份適用的內部審核檢查表。
- 制訂提案獎勵制度。
- 製作《5S 管理手冊》。
- 編制員工行為準則。
- 定期召開總結會檢討目標及執行方案。
- 定期收集調查問卷進行方向調整等。

標準化實際上就是制定標準、執行標準、完善標準的一個循環的過程。無標準、有標準未執行或執行得好不好、缺乏一個不斷完善的過程……以上種種，都不可稱為標準化。

根據作用對象的不同，可把標準分為兩類，一是程序類標準，二是規範類標準。程序類標準是指規定工作方法的標準，如程序文件、作業指導書；規範類標準是指規定工作結果的標準，如技術規範等。

根據生產要素來區分，標準又可分為人員、設備、材料、方法、環境等五類。

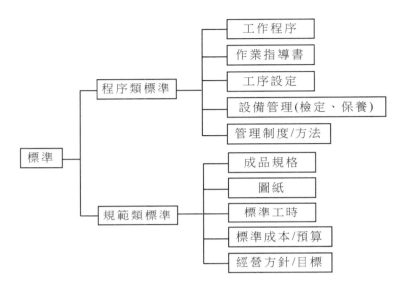

簡單化 ────→	系統化 ────→	簡便化、網路化
· 口頭指示;	· 管理系統化、程序化;	· 文件少而精;
· 僅部份有書面指示;	· 指示詳細明確;	· 以實用為主;
· 無系統化;	· 文件多、繁瑣;	· 程序性強,聯繫緊密;
· 有指示也是籠統的綱領	· 程序多、效率低;	· 系統簡練;
性文件;	· 分工細、難於全盤掌握;	· 容易操作;
· 技術積累體現為個人經	· 部份使用電腦技術,對人	· 指示簡要明確;
驗;	力的需求很大。	· 活用了電腦技術。
· 容易掌握。		

四、如何讓員工按標準作業執行

　　標準制定出來了，如何讓員工自覺執行並成為習慣？相信是每一個管理者面臨的難題。

　　在標準執行得比較好的公司，其不二法寶總結起來有十條：

1. 灌輸遵守標準的意識

　　首先我們在日常的管理過程中要向每一位員工反覆灌輸守標準的理念。而作為領導者更要成為遵守標準的楷模，全公司才會形成一種以遵守標準為榮的良好風氣。

2. 全員理解其意義

　　按標準作業是「不良為零、浪費為零、交貨延遲為零」的「3 零工程」達成的關鍵重點，從領導到現場人員都要徹底理解其意義，並展開教育培訓。

3. 班組長現場指導，跟蹤確認

　　做什麼，如何做，重點在那裏，班組長應手把手，傳授到位。

　　僅教會了還不行，還要跟進確認一段時間，看其是否領會，結果是否穩定。

　　現場管理者的任務就是讓標準成為員工的本領。

4. 宣傳揭示

　　一旦設定了標準的作業方法，要在工廠的宣傳板上揭示出來，讓全員知道並理解遵守。

5. 揭示在顯著位置

　　標準作業方法要掛在顯著耀眼的位置，讓人注意也便於與實際作業比較，對於作業指導書，則要放在作業者隨手可以拿到的地方。

把標準放在誰都看得到的地方，這是目視管理的精髓。

6. 接受別人的質疑

「這個地方好像有些欠妥吧？」

「是呀！多虧了你的提醒。」

對於別人的質疑要虛懷若谷，誠心接受。即使指責得不對也不要尖銳反駁。

7. 對違良行為嚴厲斥責

對不遵守標準作業要求的行為，上司（班組長）一旦發現，就要立即毫不留情予以痛斥，並馬上糾正其行為。

8. 不斷完善

雖然標準暫時還代表著最好的作業方法，但科學技術在不斷進步，改善永無止境。要始終想到現在的作業方法還處在一個較低的水準，是改善和進步的一個起點，更好的在後邊。

9. 定期檢討修正

「繼續改善！」

「繼續努力！」

有主導推動力的企業，會不斷推動作業水準向上，定期召開改善檢討會，介紹近階段的改善事項（成果），明確今後的改善方向，對於效果不明顯的措施重新評價、設定。

10. 向新的作業標準挑戰

通過現狀的作業情況，找出問題點，實施改善，修訂成新的作業標準。

學習其他改善事例，受到啟迪後在現場實踐，活用五點測量表進行評估，尋找改善重點，從實際出發進行改善。

五、制定 5S 活動標準

1. 不同區域的 5S 活動標準

分別從生產區域(15-2)、辦公區域(15-3)、倉庫(15-4)、員工宿舍(15-5)四個方面提供了 5S 活動標準範本供參考。

表 15-2　生產區域 5S 活動標準

項目	活動標準
整理	1. 工作區域物品擺放應有整體感 2. 物料按使用頻率分類存放 3. 三天及三天以上使用的物品在未操作時，不應擺在工作台上 4. 設備、工作台、清潔用具、垃圾桶、工具櫃應在指定的場所，按水平直角放置 5. 良品、不良品、半成品、成品要規劃區域擺放與操作，並標識清楚(良品區用黃色，不良品區用紅色) 6. 週轉車要扶手朝外整齊擺放 7. 呆滯物品要定期清除 8. 工作台上的工具、模具、設備、儀器等無用物品須清除 9. 生產線上不應放置多餘物品，不應掉落物料、零料 10. 地面上不能直接放置成品(半成品)、零件，不能掉有零件
整理	11. 私人物品應放置在指定區域內 12. 茶杯應放在茶杯架上 13. 電源線不應雜亂無章地散放在地上，應紮好規範放置 14. 腳踏開關電線應從機器尾端引出，開關應定位管理 15. 按貨期先後分「當天貨期、隔天貨期、隔兩天以上貨期」三個產品區擺放 16. 沒有投入使用中的工具、工裝、刃物等應放在物品架上 17. 測量儀器的放置處應無其他物品 18. 繞線機放置處除設備纖維管、剪刀外，不應放置其他物品 19. 包帶機放置處除設備、剪刀、潤滑油外，不應放置其他物品

續表

項目	活動標準
整頓	1. 各區域要做區域標誌畫線（線寬：主通道 12 釐米，其他 8 釐米） 2. 各種筐、架的放置處要有明確標識（標識為黃白色，統一外印） 3. 所有物品、產品要有標識，做到一目了然 4. 各區域要制定定位管理總圖並註明責任人 5. 不良品放置場地應用紅色予以區分 6. 消防器材前應用紅色斑馬線予以標識、區分 7. 衛生間應配以圖像標識 8. 物品擺放應整齊、垂直放置，且須與定點陣圖吻合 9. 標誌牌、作業指導書應統一紙張及高度，並水準直角粘貼 10. 宣傳白板、公佈欄內容應適時更新 11. 下班後，椅子應歸到工作台下與台面水準直角放置 12. 清潔用具用完後，應放人指定場所 13. 不允許放置物品的地方（通道除外）要有標誌 14. 產品、零件不得直接放置在地面 15. 固定資產應有資產標誌、編號及台賬管理 16. 物品應按使用頻率放置，使用頻率越高的放置越近 17. 工裝、夾具應按類別成套放置 18. 成品擺放高度為：普通包裝方式 1.3 米，安全包裝方式 1.5 米
整頓	19. 橡膠筐紙板應按規定區域擺放，定時處理 20. 設備、機器、儀錶、儀器要求定期保養維護，標識清楚，且有記錄 21. 圖紙、作業指導書、標語、標誌應保持最新狀態的有效版本 22. 易燃易爆危險品要在專用地點存放並標識，旁邊需設有滅火器
清掃	1. 地面應保持無碎屑、廢包裝帶、廢聚脂膜等其他雜物 2. 地面應每天打掃並在 5S 日進行大掃除 3. 牆壁應保持乾淨，不應有胡亂貼紙、刻畫等現象 4. 機器設備、工具、電腦、風扇、燈管、排氣扇、辦公桌、週轉車等應經常擦拭，保持清潔

續表

項目	活動標準
清掃	5. 浸洪、環氧地面應定期清理 6. 飯廳、物料庫屋頂應定期清理 7. 花草要定期修剪、施肥
清潔	1. 垃圾筐內垃圾應保持在垃圾筐容量的 3/4 以下 2. 有價廢料應每天回收 3. 工作台、文件夾、工具櫃、貨架、門窗應保持無損壞、無油污 4. 地面應定時清掃，保持無油漬 5. 清潔用具保持乾淨 6. 衛生間應定時刷洗 7. 共同餐具應定時消毒
安全	1. 不應亂搭線路 2. 特殊崗位持上崗證操作 3. 電源開關及線路應保持無破損 4. 滅火器要保持在有效期內，方便易取
素養	1. 堅持班前會，學習禮貌用語並做好記錄 2. 每天堅持做 5S 工作，進行內部 5S 不定狀況診斷 3. 注意儀容儀表，穿著制服、佩戴工牌上班 4. 遵守廠紀廠規，不做與工作無關的事
素養	5. 按時上下班、不早退、不遲到、不曠工 6. 吸煙到規定場所，不在作業區吸煙 7. 打卡、吃飯自覺排隊，不插隊 8. 不隨地吐痰，不隨便亂拋垃圾，看見垃圾立即拾起放好 9. 上班不閒聊、呆坐、吃東西，離開工作崗位時佩戴離崗證 10. 保持良好個人衛生 11. 按作業指導書操作，避免品質差錯

表 15-3　辦公區域 5S 活動標準

項目	活動標準
整理	1. 辦公室物品放置要按平行、直角放置，不得出現凌亂現象 2. 除每日必需品外，其他物品不應存放在辦公桌上 3. 辦公桌下除個人垃圾桶外不得放其他任何物品 4. 垃圾桶(公用)及清潔用具須規劃區域擺放 5. 辦公室每張辦公桌上都配有一套相同的辦公文具，不能共用 6. 茶杯、煙灰缸不應放置於辦公桌上 7. 辦公桌桌面應保持乾淨，抽屜裏面不應雜亂無章 8. 過時文件要及時處理 9. 文件、資料要分類，平行、直角擺放於文件櫃或辦公桌上
整頓	1. 設制物品擺放定置管理圖，並標註物品責任人 2. 文件、資料等應使用標誌，定置管理 3. 需要的文件、資料能在 10 秒鐘之內找到 4. 茶杯應放在指定的茶杯架上 5. 辦公桌抽屜應按辦公用品資料、文件樣品、生活用品等歸類、區分擺放，且做好標識 6. 垃圾桶、清潔用品應放在指定場所 7. 人員離開辦公桌時，應將座椅推至桌下，並使其緊挨辦公桌平行放置 8. 電源插頭應保持乾淨且用膠紙列印做標誌 9. 電話、檯曆應劃定位線 10. 電腦、電話線應束起來，不得雜亂 11. 標語、掛圖等應保持有效版本 12. 牆上文件夾應按大小統一歸類掛置，且需做目錄 13. 過時跟蹤卡、圖紙等應指定擺放區域，定位放置 14. 文件櫃應用標誌標明櫃內物品及負責人

續表

項目	活動標準
清掃	1. 地面應保持無灰塵、碎屑、紙屑等雜物 2. 牆角、地板、電腦、冷氣機、牆壁、天花板、排氣扇、辦公用品等要定期維護，保持乾淨 3. 辦公桌桌面、抽屜、文件櫃應保持整齊 4. 垃圾桶內的垃圾不應超過垃圾桶容量的 3/4 5. 白板應定期進行整理，保持乾淨
清潔	1. 文具及辦公用品應保持清潔並無破損，文件無掉頁，標誌清楚，封面清潔 2. 工作鞋、工作服應整齊乾淨 3. 地面、牆壁等無髒印、無灰塵 4. 清潔用具、垃圾桶應保持乾淨 5. 整理、整頓、清掃應規範化、習慣化，管理人員能督導部署，部署能自發工作
素養	1. 堅持開班前會，學習禮貌用語並做好記錄 2. 每天堅持做 5S 工作，進行內部 5S 不良狀況診斷 3. 注意儀容儀表，按規定穿著制服、佩戴工牌上班 4. 遵守廠紀廠規，不做與工作無關的事 5. 按時上下班、不早退、不遲到、不曠工 6. 吸煙到規定場所，不在辦公室內吸煙 7. 保持良好的個人衛生 8. 人員儀容端正、精神飽滿、認真工作 9. 下班後須關閉所有用電設備、器件
安全	1. 無亂搭線路 2. 電源開關及線路無破損 3. 冷氣機使用有專人負責

表 15-4 倉庫 5S 活動標準

項目	活動標準
整理	1. 呆滯物料應按規定日期申報處理 2. 報廢物品、有價廢料應定期處理 3. 漆包線、捲線應按規格、型號、產地、購進時間分類貯存 4. 內協引線、標籤等物品應存放在便於查找的位置 5. 紙箱、泡沫箱等材料應擺放整齊，剩餘的紙隔板應定期處理 6. 客供物料應有專門區域存放 7. 通道應暢通，整體應整潔有序 8. 文件各種單據應分類按序擺放 9. 垃圾桶、清潔用具應按規劃區域擺放 10. 待檢、呆滯物料、報廢品、廢料應分區域放置 11. 退貨產品與合格產品應分區域擺放 12. 退貨產品與退貨附件應定期處理
整頓	1. 設制物品擺放定置管理圖，並標明責任人 2. 產品、物料分類擺放並有標識，且物、賬應一致 3. 物品應設置最高庫存量與最底庫存量 4. 主料、輔料、雜料、包裝材料、危險物品應分開定位放置 5. 賬、卡、物應一致，卡應懸掛在物品放置處 6. 環氧樹脂、氧氣、氮氣、油類等易燃、易爆的危險品應放在特定場所 7. 對於一時無法存放於庫房的物料，應設置「暫放」標示牌 8. 物料存放區域的存放點應符合定置圖要求 9. 產品物料直列放置不應超過 1.5 米(紙箱、泡沫板除外) 10. 常用物料應便於領用和存放 11. 物料應按「分類儲存管理」儲存 12. 進出倉記錄應按規定要求操作

續表

項目	活動標準
清掃	1. 材料不應髒汙、附有灰塵 2. 牆壁、天花板應保持乾淨，地面應保持無灰塵、紙屑、水漬 3. 電腦、電話機、電風扇、燈管、物料等表面應無灰塵
清潔	1. 安全防火工作應落實，通道應劃分界線，感覺舒暢 2. 物品擺放應整齊有條理、不髒亂 3. 以上 3S 應制度化、習慣化 4. 抽屜內不應雜亂，下班時，辦公桌上應保持整潔
素養	1. 堅持班前會，學習禮貌用語並做好記錄 2. 每天堅持做 5S 工作，進行內部 5S 不定狀況診斷 3. 注意儀容儀表，按規定穿著制服、佩戴工牌上班 4. 遵守廠紀廠規，不做與工作無關的事 5. 按時上下班、不早退、不遲到、不曠工 6. 吸煙到規定場所，不在作業區吸煙 7. 打卡、吃飯自覺排隊，不插隊 8. 不隨地吐痰，不隨便亂拋垃圾，看見垃圾立即拾起放好 9. 上班不閒聊、呆坐、吃東西，離開工作崗位應佩戴離崗證 10. 保持良好個人衛生 11. 按作業指導書操作，避免品質差錯
安全	1. 無亂搭線路 2. 特殊崗位持上崗證操作 3. 電源開關及線路保持無破損 4. 滅火器在有效期內，方便易取 5. 消防通道夠寬、無堵塞

表 15-5　員工宿舍 5S 活動標準

項目	活動標準
整理	1. 不要的物品應及時清除 2. 人員變動後，其床位標誌應及時更新 3. 衣服晾曬應按照指定地點操作 4. 待清洗物品的擺放應適宜 5. 不應隨意亂貼圖片
整頓	1. 行李包、箱應定置放置，擺放整齊 2. 儲存箱標誌清晰，定點放置 3. 床位放置應整齊、標誌齊全 4. 床上用品應定點放置，擺放應整齊 5. 蚊帳張掛應適宜，床鋪應整齊 6. 工作台、凳應定點放置 7. 鞋、水桶、臉盆、水壺應定點放置 8. 洗刷用品應定位管理 9. 通道應保持暢通 10. 水、電設施應完好 11. 消防用品應符合使用要求 12. 應急照明應保持正常運行 13. 門、窗、床鋪應完好
清掃	1. 不用的物品應被清走 2. 地面不應有瓜子殼、果皮及紙屑 3. 地面應每天清掃 4. 安全設施應清掃

續表

項目	活動標準
清潔	1. 牆面應乾淨、無腳印等 2. 電源開關、電風扇、燈管應保持清潔 3. 電話、熱水器、煤氣罐應保持乾淨 4. 行李包、貯存箱應乾淨 5. 床上用品應清潔、無異味 6. 樓梯、通道、樓梯扶手應乾淨 7. 水杯、飯盒、水壺應乾淨 8. 洗手間、洗臉台應常清掃
安全	1. 危險品應明確標識 2. 安全標誌應齊備 3. 消防設施應定置放置並處於可用狀態 4. 通道應保持暢通 5. 不應亂搭線路 6. 床位應結實 7. 不得破壞電源線路及開關 8. 煤氣未用時應關閉
素養	1. 注重儀容儀表 2. 不應在禁煙區吸煙 3. 不隨地吐痰 4. 按時上下班 5. 遵守廠紀廠規，按時就寢

第 *16* 章

附錄：5S 活動推行手冊

一、5S 活動推行手冊

「5S 活動推行手冊」正文

第一章　總則

一、目的

創造一個良好的工作環境，提高工作效率，徹底消除各種浪費，從而更好地達成經營管理成效。

二、範圍

本文件適用於本企業各直接或間接部門。

三、5S 的定義

1. 整理 (Seiri)

將物品集中歸類，工作場所的所有物品區分為「必要」和「非必要」的、「常用」和「不常用」的、留下「必要」和「常用」的，

清除掉其他「非必要」物品。

2. 整頓 (Seiton)

將物品進行定位、定容和定量，留下必要的適量物品，依照規定定位擺放，放置整齊，並加以顯著標識。

3. 清掃 (Seiso)

定期保養打掃，將工作場所內看得見和看不見的地方清掃乾淨，以保持工作場所的乾淨整潔。

4. 清潔 (Seiketsu)

使環境整潔、有序，維持前 3S 的成果，並實現標準化、制度化。

5. 素養 (Shitsuke)

遵守作業規則，養成良好的作業習慣，培養主動積極、團結互助的精神。

6. 安全 (Safety)

創造和維持安全的工作環境，以保障員工的人身安全和生產的連續性。

四、責任

1. 本企業所有 5S 活動管理事宜都須依本手冊執行。

2. 凡本企業員工均應熟悉本手冊並遵守，由各部門主管嚴格督導。

3. 本手冊內容的修訂，由 5S 活動推行委員召開會議審查決定。

第二章　直接作業區管理準則

一、適用區域

1. 本企業所有直接作業區的相關部門。

2. 本區域涵蓋下列部門。

(1)製一部　　(2)製二部　　(3)製工部　　(4)製技部

(5)品質部　　(6)倉儲部

二、準則內容

1. 整理部份

(1)原材料、半成品、成品與垃圾、廢料、餘料等區分放置，並標識清楚。

(2)正確使用料架，並定期清理。

(3)定時清理現場擺放的物品。

(4)定時清理鐵櫃、置物架等。

(5)定時清理工作桌面和抽屜。

(6)定時清理過期文件，減少公文數據的積壓。

(7)非當月使用的單據需入櫃保管。

2. 整頓部份

(1)同一區域的私人用品需定位放置(或同一方向放置)。

(2)文件、資料及檔案應及時分類，並整理歸檔。

(3)消耗性用品(例如手套、抹布、掃把和拖把等)定位放置。

(4)加工材料、待檢材料、半成品和成品堆放整齊，並進行明顯的標識。

(5)零件箱等定位放置，且擺放整齊。

(6)生產換線或停線後，相關用品應收拾歸位。

(7)通道(走道)保持暢通，不得擺放任何物品(暫存區除外)佔道。

(8)電源線、電話線排列整齊。

(9)所有零件定位放置。

(10)不允許穿拖鞋進入作業區。

(11)同一區域的電腦設備統一方向定位擺放。

(12)同一區域地方電話、文件架統一方向定位放置。

(13)垃圾簍統一擺放在靠通道一邊的辦公桌下。

3. 清掃部份

(1)清理、擦拭機器設備、工作台、工作桌、辦公桌以及窗戶等。

(2)下班前應打掃作業場所，收拾好相應物品。

(3)廢料、餘料、呆滯料隨時清理。

(4)定期清理抹布、包裝材料。

(5)及時清除垃圾、紙屑、塑膠袋等。

(6)電腦桌面除一般使用數據外，長時間不用的一概清理掉。

4. 清潔部份

(1)排定輪職打掃作業場所值日表。

(2)定期擦拭窗戶、門板、玻璃等。

(3)合理設定盆景植物放置位置。

(4)工作環境保持整潔、乾淨。

(5)設備、機台、工作桌、工作台以及辦公桌等保持乾淨，無雜物。

(6)工作桌、工作台上不得任意放置物品。

(7)長期放置(一週以上)的材料和設備等須加蓋防塵設施。

5. 素養部份

(1)遵守作息時間，按時出勤。

(2)工作狀況良好(無聊天說笑、呆坐、看小說、打瞌睡或吃東西等不良現象)。

(3)不破壞工作現場的環境(例如亂丟垃圾、工具任意擺放等)。

(4)使用公物時保持物品清潔。

(5)下班或停工後及時打掃和整理工作現場。

(6)統一穿戴工作服、防護帽和廠牌,並保持儀表整潔。

(7)待人接物有禮貌。

(8)用餐時自覺排隊。

6. 安全部份

(1)隔離有害物品、易燃易爆物品,並加以明確標識。

(2)正確操作各種機器設備、工裝夾具。

(3)設立必要的消防設備和設施。

(4)非吸煙區禁止吸煙,電源線走線排列整齊。

(5)電源插座應標明電壓。

(6)危險部位應註明標識「危險!請勿靠近!」等字樣。

(7)休息時間員工一律退出崗位,到休息室休息。

(8)不得帶火種進入工廠及工作區域。

(9)做好工傷事故的預防工作。

7. 節約部份

(1)節約使用各類物品,例如原材料、零件和輔料等。

(2)節約使用水源、電源,例如下班時關掉工作區的電源。

(3)節約糧食,不亂倒飯菜。

(4)節約紙張、辦公文具等。

第三章　間接作業區管理準則

一、適用區域

1. 本企業所有的間接作業區域。

2. 本區域涵蓋下列部門。

(1) 廠長（經理）辦公室　　(2) 採購部　　(3) 生管部　　(4) 行政部

(5) 機械部　　(6) 電子部　　(7) 廠務部　　(8) 進出口部

(9) 公關部　　⑽ 模具部　　⑾ 美工部

二、準則內容

1. 整理部份

(1) 辦公室物品歸類放置，且擺放整齊。

(2) 辦公桌、文件櫃、辦公椅擺放整齊。

(3) 文件櫃頂部不允許放置物品（除小型盆景外）。

(4) 資料及時整理、分類及歸檔。

(5) 文件櫃內物品分類存放，保持清潔、美觀。

(6) 定時清理桌面和抽屜，保持整潔。

(7) 定時清理表單、文件，減少公文、數據的積壓。

2. 整頓部份

(1) 離開工作台（工作崗位）或下班後，椅子歸回桌下。

(2) 同一辦公室 （或辦公區）的私人用品定位（或同一方向位置）放置。

(3) 通道（走道）區域內不得擺放任何物品（除非有暫放標識）。

(4) 電源線、電話線排列整齊。

(5) 同一辦公室（或辦公區）的電腦設備統一方向定位擺放，而電腦線一律用膠帶紮妥，顯示器與印表機分別放於左、右兩邊。

(6) 同一辦公室（或辦公區）的電話、文件架統一方向定位放置。

(7) 消耗用品（例如抹布、掃把等）定位放置。

(8) 所有辦公設備（儀器）都定位放置，並明確標識負責保管人。

(9) 不允許穿拖鞋進入辦公區域。

⑽同一區域用同一顏色的文件架,且統一文件架上的標識。

⑾所有區域的垃圾簍一律放置在桌下靠通道的一邊。

⑿辦公室(或辦公區)所有辦公設備一律定位放置,且擺放整齊。

3. 清掃部份

⑴辦公桌(工作台)保持清潔。

⑵銷毀過期文件(檔案)。

⑶下班前整理週圍物品,打掃衛生。

⑷定時清掃地面,發現垃圾及時清掃。

⑸辦公桌、設備、門窗、牆壁等定時清掃(擦拭)。

⑹公佈欄、記事欄保持整潔、美觀。

4. 清潔部份

⑴排定定期輪流打掃值日表。

⑵盆景及裝飾物品保持清潔。

⑶設備、工具保持清潔。

⑷辦公環境保持清潔。

5. 素養部份

⑴遵守作業時間,按時出勤。

⑵工作環境保持安靜(不大聲喧鬧)。

⑶注意遵照規定使用公物。

⑷不隨意丟垃圾,保持週邊環境的衛生清潔。

⑸待人接物有禮貌。

⑹上班時間不在公共辦公區大聲喧嘩,或做與工作無關的事。

⑺統一穿戴工作服裝、廠牌,並保持儀容整潔。

⑻不偷盜企業公共財物。

(9)用餐時自覺排隊。

6.安全部份

(1)隔離有害物品、易燃易爆物品，並做好相應標識。

(2)各種設備有正確的操作說明。

(3)消防設備定位設置，且拿取方便。

(4)各類電源線的排列安全，電源插座標明實際電壓值。

(5)危險部位註明標識「危險！請勿靠近！」字樣。

7.節約部份

(1)電腦及接口設備的節約。

(2)電源、水源的節約。

(3)合理使用電話。

(4)紙張和文具的節約。

(5)糧食的節約。

第四章　5S稽查內容與扣分標準

一、整理、整頓

1.原材料、在製品、合格品和不良品未分開。

2.機台、模具、夾具和作業台放有水杯等私人物品。

3.生產線旁邊的膠箱未統一方向擺放，超過藍線、不成直線。

4.機台、作業台未統一方向擺放，超過黃線、不成直線。

5.離位後椅子未歸位，或多餘的椅子未定位擺放。

6.《作業指導書》看板、技能評鑑卡等未定位掛好，東倒西歪，又髒又亂。

7.垃圾等雜物隨意放入組件盒內，未放入垃圾箱或紙簍內。

8.多餘的設備、工具，例如電烙鐵、模具等未清理出現場或定

位擺放。

9. 紅色、藍色、黑色的膠箱疊放在一起，或大膠箱壓在小膠箱上。

10. 不良品未做標識，或未定位擺放。

11. 原材料、在製品、半成品、成品未標識，或標識的方向未統一。

12. 物料區/倉的原材料、在製品、半成品、成品未分類、定位、定量放在筏板上。

13. 生產線旁的膠箱、物料堆放高度超過輸送帶水平面。

14. 輸送帶下放有物料或其他物品。

15. 運輸物料未用拖車，直接在地面上推動。

16. 修護工位台面擺放不整齊，元器件、物料、機器未定位放置。

17. 生產線台面、台下的電源線和排插未定位放置，亂拉亂接。

18. 辦公室人員離位後，桌面的文件資料未整理、歸位擺放。

19. 有效文件和數據未歸檔，文件櫃上放有除盆景以外的其他物品。

20. 辦公用品、用具，例如計算器、文件夾和釘書機等未定位放置。

21. 通道(走道)不暢通，放有其他物品。

22. 同一區域的電腦設備未統一方向定位擺放。

23. 紙簍未統一放在靠通道一邊的辦公桌下。

二、清掃、清潔

1. 機器設備、電腦、工裝置具、作業台、工作桌、電腦桌、辦公桌、文件櫃、盆景等地方有灰塵。

2. 燈管(架)、支架、橫樑等地方有灰塵。

3. 風扇未清潔打掃。

4. 地上有紙屑、膠袋、紙板、垃圾、螺釘、塑膠件或電池等。

5. 地上有水漬，洗手間旁除外。

6. 天花板或牆上有蜘蛛網。

7. 物料區/倉堆放的物品未加防護。

8. 紙簍、垃圾箱的垃圾未傾倒。

9. 消防器材上積滿灰塵，未打掃。

10. 公告牌上不用的記錄超過一天未清除。

三、素養

1. 上班時間內未穿工作服、未戴工作帽，未統一將廠牌戴在左胸。

2. 上班時間聊天說笑、看小說、打瞌睡或吃零食。

3. 上班時間把腳踏在物料箱上，姿勢不雅。

4. 上班時間脫鞋，把鞋扔在一邊。

5. 接、打電話用語不雅。

6. 接受稽查時不理睬，出言不遜。

四、安全、節約

1. 易燃、易爆品未進行隔離，未標識清楚。

2. 消防設備未檢驗，或檢驗已過有效期限。

3. 安全門處堆放有物品。

4. 有物料遮擋住消防器材及高壓區域。

5. 運輸物料時超高、超重、超量。

註：1. 上面各項缺失按標準扣分，若同一區域出現 N 次同一缺

失，按 N 次計算。

2. 工位、作業區的缺失由區域負責部門承擔責任。

3. 稽查時，受稽查區域指定一人全權代理陪審和簽名確認。

第五章　推行組織系統

一、組織

1. 為順利推行並落實 5S 活動，成立 5S 活動推行委員會。

2. 凡本廠員工皆屬組織內會員。

二、結構

1. 委員會由主任委員一人、副主任委員三人、總幹事一人、幹事一人及各部門推廣委員若干人組成。

2. 主任委員由副總選派，承企業負責人之命，掌握本會運作，指揮監督所屬各推廣委員工作。

3. 副主任委員由副總選派，承企業負責人之命，負責本會運作實施指導。

4. 總幹事由主任委員選派，負責本會的運作。

5. 幹事由總幹事選派專業人員擔任，負責全程活動的推動。

6. 推廣委員由各部門主管擔任，負責該部門的推行活動。

7. 委員由各部門推廣委員選派，負責該部門活動的推動。

三、職責

1. 主任委員的職責

(1)制定 5S 活動推行的決策，並督導推行。

(2)裁決 5S 活動推行中相關的爭議。

(3)對 5S 全權負責。

2. 副主任委員的職責

(1)指導制定 5S 活動推行的決策。

(2)指導推行方案的制定和執行。

3. 總幹事的職責

(1)規劃全年的 5S 活動。

(2)審核相關文件。

(3)下達活動的各項任務，出席會議並提供督導檢討數據。

(4)完成主任委員交辦的其他事項。

4. 幹事的職責

(1)各推行章程的擬定。

(2)全程計劃的執行與管制。

(3)召開會議，整理資料。

(4)全程相關活動的推廣。

5. 推廣委員的職責

(1)督導本部門各項 5S 活動的開展。

(2)積極參與各項推廣會議。

(3)完成主任委員交辦的其他事項。

6. 部門委員的職責

(1)負責本部門 5S 活動的執行。

(2)負責本部門 5S 活動的督導。

(3)傳達本會相關事宜。

(4)積極參與本會有關活動。

四、有關事項規定

1. 每季由主任委員組織召開一次 5S 活動推行委員會議。

2. 每月由總幹事組織召開一次 5S 部門委員會議。

3. 每季發佈一次內容為當季 5S 活動推行主題，各部門必須參與，年終發佈時各部門均須參與。

第六章　5S 每月定期查核與獎懲規定

一、5S 每月定期查核

1. 查核規定

(1)每月由 5S 活動推行委員會幹事與各部門委員對全廠三大區域進行查核：直接區域查核 3 次/月；間接區域查核 3 次/月；職員與員工宿舍查核 2 次/月；每週由 5S 活動推行委員會幹事隨機查核各部門 1 次。

(2)每月均採用突擊式查核，以電話通知各部門委員集合。查核時，各委員不能缺席、遲到、掉隊。請假期間或公務繁忙時，事先找好代理人，代理人必須清楚被代理人的工作狀況。每月各委員請假不得超過 3 次(公差除外)，否則，扣除該部門當月總分 2 分。

(3)查核過程中依據 5S 準則內容和稽查內容來檢查各單位，依據扣分標準予以扣分，如有異議可呈幹事處理。對嚴重缺失者，須掛紅牌、拍照追蹤改善，且公佈於 5S 專欄內。

(4)查核時，各部門委員均須佩戴 5S 委員證(代理人除外)，儘量不與受查核單位發生衝突，如有問題，交幹事處理。

(5)查核過程中各部門委員服從幹事的安排，不能偷看其他部門的文件和數據，違者扣除該部門當月總分 3 分。

2. 評分標準

(1)直接區域和間接區域評分標準：嚴重缺失一次扣 4 分；一般缺失一次扣 2 分。

⑵ 5S 評分最終均以部門為單位進行。

3. 懲罰規定

⑴查核過程中部門委員無故缺席一次，扣除該部門當次查核總分 10 分。

⑵查核過程中無故遲到每次達 5 分鐘或查核掉隊者，扣除該部門當次查核總分 5 分；5 分鐘以上者，扣除該部門當次查核總分 7 分。

⑶ 5S 部門委員會議在第二、第四週星期五下午 14：30～16：00 召開，缺席一次扣該部門當月查核總分 4 分；遲到（早退）每次達 5 分鐘扣該部門當月查核總分 2 分；5 分鐘以上者扣該部門當次查核總分 4 分；查核時，部門委員不佩戴 5S 委員證者，一律處以 50 元罰款。

⑷查核過程中不服從幹事安排者，一律處以 50 元罰款，做私事者，扣除部門當次查核總分 4 分。

⑸直接區域和間接區域查核時，最差單位須做檢討；每次宿舍查核最差房間給予該宿舍打掃衛生、門禁或罰款等處理。

⑹以上處罰將視情節的嚴重情況，加重或減輕處罰。

二、5S 每月成績評比

1. 5S 每月評分

分為直接區域和間接區域評比，均以部門為單位進行評比；宿舍區域評比以宿舍為單位評比。

2. 評分標準

⑴直接區域評分依據

①每月查核直接區域成績取平均分。

②依廠務部每月查核的工傷事故，每次扣該部門總分 2 分。

　　③依各部門委員或同事檢舉某部門 5S 缺失,經 5S 委員會確認,扣該部門總分 3 分。

　　④直接區域每月得分為①、②、③三項之和。

(2)間接區域評分依據

　　①每月查核間接區域成績取平均分。

　　②依廠務部每月查核的工傷事故,每次扣該部門總分 2 分。

　　③依各部門委員或同仁檢舉某部門 5S 缺失,經 5S 委員會確認,扣該部門總分 2 分。

　　④直接區域每月得分為①、②、③三項之和。

(3)宿舍區域評分依據

　　①每月查核宿舍成績取平均成績。

　　②依廠務部每月查核的工傷事故,每次扣該部門總分 2 分。

　　③宿舍區域得分為①、②兩項之和。

3. 獎懲規定

(1)直接、間接區域查核成績獎懲規定

　　①每月取 5S 評比前兩名,分數不得低於 90 分。

　　②直接、間接區域查核成績獎懲標準,如下表所示。

措　施	區　域	名　稱	
		第一名	第二名
獎　勵	直接區域	900 元,發「最佳單位錦旗」一面	500 元
	間接區域	500 元,發「最佳單位錦旗」一面	300 元
處　罰	直接區域	要求最差單位的部門委員一週內提交書面改善報告到 5S 活動推行委員會幹事處,否則下次查核扣除該部門查核總分 8 分。	
	間接區域		

(2)宿舍區域評分成績獎懲規定

①每月 5S 評比，取最佳房間和最差房間，最佳房間分數應在 90 分以上。

②最佳房間分別給予每人 200 元獎勵，由室長領取，並懸掛「最佳房間」牌。

③最差房間由宿舍室長提交改善報告，於一週內交至 5S 推行委員會幹事處；如不交或拖交，於下次查核時扣除該房間 3 分。

第七章　5S 專題發佈與年終發佈

一、5S 專題發佈獎與懲

1. 5S 專題發佈評分根據

(1)發佈總成績＝現場發佈成績 $X(80\%)$＋海報評比成績 $Y(20\%)$。

(2)每月 2 日前各部門委員提交一份上月 5S 部門報告，不交者扣除發佈總成績 3 分，拖交視情節嚴重程度扣除 1 分或 2 分。

(3)本季每月評分總平均成績取前一、二、三名，於發佈總成績上各加 4 分、3 分、2 分。

(4) 5S 專題發佈成績為(1)、(2)、(3)三項之和。

2. 5S 專題發佈獎與懲規定

(1) 5S 專題發佈評比取前三名，第一名獎勵 500 元，第二名獎勵 300 元，第三名獎勵 100 元。

(2)最差單位於一週內由部門委員書寫書面報告交 5S 推行委員會幹事處。

二、5S 年終發佈評比獎與懲

1. 5S 年終發佈評分根據

(1)發佈總成績＝現場發佈成績 $X(80\%)$＋海報評比成績 $Y(20\%)$。

(2)本年度專題月發佈平均成績取前一、二、三名，於發佈總成績上各加 4 分、3 分、2 分。

2. 5S 年終發佈獎與懲規定

(1)5S 年終發佈評比取前三名。

(2)第一名獎勵 300 元，第二名獎勵 200 元，第三名獎勵 100 元。

(3)最差單位於一週內由部門委員書寫書面報告，提交至 5S 推行委員會幹事處。

案例　企業引進的 5S 管理活動

1. 公司背景

A 公司是一家被收購重組的鋼鐵企業，投產時間不長即遭遇資金短缺、市場下滑等不利因素而陷入半停產狀態。後經政府協調，由一家資本雄厚的鋼鐵企業 B 公司收購。經過一年多的艱難整頓，克服了經營困難，使公司具備了正常生產的能力。

A 公司雖然走出了低谷，但員工工作情緒低落，對企業前途發展感到迷茫。休息室裏工作服、靴、檢修工具四處亂放，煙蒂滿地亂扔。主控室裏的控制櫃和電源插板上積滿灰塵，牆上張貼的電話表被塗改過多次，鐵皮櫃上放著飲料瓶、飯盒、塑膠袋等雜物。生產現場的情況更加糟糕，安全通道上的護欄被吊鉤拉彎，一直沒有恢復。員工為了休息方便，在安全通道的平台上放置一把長椅，擋住了逃生通道。通往轉爐平台的路很狹窄，路面有積水，路邊堆放著鐵條、電纜線和電機等物品，使得通行很不方便。工人為了使用方便，將生產物料放在隨手可取的地方，物料碼放不平齊。拆下來的廢棄零件、備品備件

隨意散放在工廠的角落。清掃用的墩布、掃帚搭在樓梯上。通道旁邊就是溫度很高的鋼坯，沒有任何防護措施。各種警示標示、標誌標線基本沒有，用臨時性的辦法進行提示。例如，一個蒸汽管道上用粉筆寫著「小心燙傷」，控制櫃上貼著一張用電腦列印的「氧氣已送，請勿動火」的提示，由於時間較長，紙的顏色已發黑。有的工人亂塗亂畫，在廢料箱外壁上用粉筆畫了幾隻烏龜，寫一些不文雅的字。生產現場環境雜亂、員工作風散漫，人們對此視而不見。

A 公司對現場進行整頓的需求非常急迫。經過深入的交流，A 公司決定聘請顧問公司幫助企業進行 5S 管理提升活動，並對此次 5S 管理提升活動寄予高度期望，希望成果長期保持下去，透過這項活動，使企業管理人員和員工樹立現代企業管理觀念，提高全員素質。

2. 調查分析

A 公司共有四個分廠，顧問師選取其中問題最多、改善難度最大的煉鋼分廠作為突破點，首先進行 5S 改善活動，在 A 公司推動 5S 管理的經驗，樹立典範，然後進行全面推廣。

顧問師從三個方面對煉鋼廠的現場管理現狀進行調查分析：

⑴煉鋼廠是否接觸過 5S 管理的理念？

⑵煉鋼廠目前在 5S 管理方面實際上採取了那些管理措施？

⑶煉鋼廠的現場管理存在那些主要問題，原因是什麼？

經過與廠領導團隊成員進行座談，諮詢人員瞭解到，煉鋼廠尚未接觸過 5S 管理的概念，未開展過 5S 管理活動。對員工有一些保持環境衛生、著裝、遵守紀律的要求和考核，工廠缺少行之有效的系統方法動員和開展改善活動。對工廠的生產現場進行了調查，並且用相機對突出的問題拍了照片。調查的目的不是要直接確定在那裏改善，如何改善，而是為進行 5S 管理活動動員會收集材料。5S 管理諮詢的實

操性很強,看似簡單,實際上涉及很多環節。在諮詢過程中,諮詢人員應更多地起到培訓、提供方法、動員、組織活動、指導和評價的作用。具體的改善方案則一定要由諮詢人員和企業內部人員共同提出,由企業組織實施。只有諮詢人員與企業管理人員密切配合,5S 管理諮詢才能取得良好的預期效果。

經過分析,顧問師認為,煉鋼廠雖然在現場管理中存在很多問題,但工廠很願意接受和開展 5S 管理活動,在管理制度上具備一定的基礎,這些為有效開展 5S 管理活動提供了有利的條件。

3. 改善方案設計
(1)召開 5S 管理動員大會

公司召開了有企業高層領導、各部門主管、分廠主要主管參加的動員大會。會上,顧問師根據分析時收集到的素材,結合公司的發展要求,講解了 5S 管理的基本概念和重要性,董事長發言,要求各單位要高度重視這次諮詢,密切配合,做好 5S 管理提升。

(2)建立兩級 5S 管理的組織

動員會後,顧問師提出建立公司級和工廠級的 5S 管理組織。公司和煉鋼分廠積極回應,很快拿出兩個 5S 管理小組的名單。公司級領導小組由董事長擔任組長,主抓安全生產的副總經理擔任常務副組長,企管處、安環處、設備處、辦公室的負責人擔任小組成員,負責推動公司 5S 管理活動,對各單位開展活動的效果進行檢查評價。

煉鋼分廠 5S 領導小組由廠長擔任組長、生產副廠長、生產科、設備科、技術科、廠辦公室的負責人擔任小組成員,在公司小組的領導和顧問師的指導下,負責組織本廠的 5S 管理提升工作。

(3)提出整改清單

由顧問師組織,公司小組和煉鋼廠小組參加,在煉鋼廠一個作業

區開展了第一次現場活動。去現場之前，顧問師簡單介紹了本次活動的目的、程序，分發《生產現場檢查表》。在生產現場，小組成員對照檢查表進行檢查記錄。顧問師與主要管理人員在現場進行交流，使大家理論聯繫實際，理解 5S 管理的內涵和要求。現場活動後，小組成員到會議室集中，由顧問師進行總結，發放《5S 整改項目建議表》，請參加活動的人員結合現場記錄和自身所負責的職能管理的要求，提出整改建議。

　　現場活動兩天后，顧問師收集了所有的《5S 整改項目建議表》，對內容進行了歸納匯總。然後舉辦討論會，討論會上 5S 小組成員對 100 項的整改建議進行評估，確定可以進行整改的項目 75 項，這些項目多數不需要投資，少數需要有少量的投資，從一週到三個月不等。會上制定出了具體措施，明確了責任單位。顧問師會後將記錄整理成正式《5S 整改項目清單》，提交給煉鋼廠，煉鋼廠按照具體負責實施整改。

(4)試點單位實施整改

　　煉鋼廠根據整改項目清單，積極進行整改活動。顧問師為煉鋼廠提供相應的培訓。煉鋼廠動員全體員工，利用生產間隙，進行衛生清掃，將長期不用的物料清理出工廠；對有用的物料進行定置管理，用鋼板製作了料倉，將生產用的原料分類放置在料倉中，掛上物料名稱的標牌；修理了受損的護欄；加寬了安全通道；休息室、主控室內添置了衣帽掛鈎和鞋架，要求員工必須將衣服、安全帽置於掛鈎上，個人生活用品不准亂放，必須放在個人雜物櫃中。對警示牌、房間標牌的數量、名稱進行了統計，統一製作。在整改過程中，利用現場黑板報的形式介紹 5S 管理的理念，在班前會上提要求，佈置任務。經過全體員工的不懈努力，在生產任務非常緊張的情況下， 5S 管理初見

成效。為在其他工廠推廣 5S 管理摸索了寶貴的經驗，具有示範作用。

⑸全面推廣

5S 管理在煉鋼廠取得成效，增強了 A 公司各級主管的信心，員工的積極性高漲。顧問師組織了煉鋼廠經驗交流會，請公司 5S 小組進行階段總結，請煉鋼廠廠長介紹經驗。其他廠到煉鋼廠參觀學習，在輔導下確定其他分廠的 5S 整改清單。在開展整改時，不僅學到了煉鋼廠的經驗，而且根據本廠的特點進行創新。各廠之間相互學習，相互超越的氣氛非常熱烈。

為了落實全員參與的理念，顧問師組織了一次有 150 人參加的針對工廠主任和班組長的 5S 管理培訓。諮詢人員為各分廠提供了《5S 實施方法簡介》和《5S 管理實施程序及方法指南》兩套文件，簡明扼要地介紹了在分廠實施 5S 管理的程序、方法，並提供了相應的工作表單。

⑹建立 5S 管理長效機制

為了使 5S 管理活動成為企業日常管理的一部份，避免活動過後冷冷清清的局面，顧問師為 A 公司設計了 5S 管理的長效機制。對原來各工廠分別執行的考核制度進行了內容統一和標準統一。形成了《生產廠 5S 管理考核辦法》，由企管處頒佈，各分廠執行。在公司層面，設計了《5S 管理優秀單位考核評比辦法》，其中規定了考核評比的主管部門、對各單位（工廠、辦公室）的考核標準、考核週期以及獎懲制度。

推動 5S 管理只有起點，沒有終點。隨著企業的發展，5S 管理活動應長期堅持開展，持續改善，根據每個時期的重點工作，5S 管理側重點應有所調整。長效機制的建立，不僅使公司鞏固 5S 管理活動的成果，而且使活動可以長期深入開展下去。

　　為了加強員工對 5S 的理解，體現全員參與的精神，顧問師還為公司策劃了「我身邊的 5S」主題徵文活動。徵文以記錄 5S 活動開展以來發生在員工身邊的故事與感想為主題，可以是一個小故事、一點感想、一段感人事蹟、一個實施 5S 的小案例等。徵文活動得到了員工的積極回應。經過兩個月的徵文，共收集作品 85 篇，經過評選，評出一等獎 3 篇、二等獎 5 篇、三等獎 10 篇。5S 徵文頒獎大會上，公司總經理對 5S 活動進行了總結回顧，宣佈獲獎名單。頒獎大會標誌著公司的 5S 管理活動圓滿結束，取得了預期的階段成果。

4.方案實施效果

　　自從實施 5S 活動後，公司的生產環境發生巨大變化，工廠裏實施定置管理和目視管理，安全生產的措施得到落實，露天堆放的各種物料由大棚遮蓋，上料系統安裝了除塵裝置避免揚塵，生產現場、休息室和主控室裏工具、資料文件、用品、衣物等擺放整齊有序，地面整潔乾淨，沒有隨地亂扔雜物、煙蒂的現象。5S 活動不僅使整體環境大為改觀，而且大大提高員工的素養和對企業的認同感，員工的精神產生了巨大的變化。

　　A 公司各級管理人員透過參與 5S 管理活動，深切感受到 5S 管理能夠提高工作效率、提高員工歸屬感、提高企業效益，對管理重要性的認識也大大提升，節能減排檢查，而且給客戶留下良好的印象。

臺灣的核心競爭力，就在這裏！

圖書出版目錄

　　憲業企管顧問（集團）公司為企業界提供診斷、輔導、培訓等專項工作。下列圖書是由臺灣的憲業企管顧問（集團）公司所出版，自 1993 年秉持專業立場，特別注重實務應用，50 餘位顧問師為企業界提供最專業的經營管理類圖書。

　　選購企管書，敬請認明品牌 ：憲業企管公司。

1.傳播書香社會，直接向本出版社購買，一律 9 折優惠，郵遞費用由本公司負擔。服務電話(02)27622241　(03)9310960　　傳真(03)9310961

2.付款方式：請將書款轉帳到我公司下列的銀行帳戶。

　‧銀行名稱：合作金庫銀行（敦南分行）　帳號：**5034-717-347447**
　　公司名稱：憲業企管顧問有限公司

　‧郵局劃撥號碼：**18410591**　郵局劃撥戶名：憲業企管顧問公司

3.圖書出版資料每週隨時更新，請見網站 www.bookstore99.com

經營顧問叢書

269	如何改善企業組織績效（增訂二版）	360 元
270	低調才是大智慧	360 元
272	主管必備的授權技巧	360 元
275	主管如何激勵部屬	360 元
276	輕鬆擁有幽默口才	360 元
277	各部門年度計劃工作（增訂二版）	360 元
278	面試主考官工作實務	360 元
279	總經理重點工作（增訂二版）	360 元
282	如何提高市場佔有率（增訂二版）	360 元
283	財務部流程規範化管理（增訂二版）	360 元
284	時間管理手冊	360 元
285	人事經理操作手冊（增訂二版）	360 元
286	贏得競爭優勢的模仿戰略	360 元
287	電話推銷培訓教材（增訂三版）	360 元
288	贏在細節管理（增訂二版）	360 元
289	企業識別系統 CIS（增訂二版）	360 元
290	部門主管手冊（增訂五版）	360 元
291	財務查帳技巧（增訂二版）	360 元
292	商業簡報技巧	360 元
293	業務員疑難雜症與對策（增訂二版）	360 元
294	內部控制規範手冊	360 元
295	哈佛領導力課程	360 元
296	如何診斷企業財務狀況	360 元
297	營業部轄區管理規範工具書	360 元
298	售後服務手冊	360 元
299	業績倍增的銷售技巧	400 元
300	行政部流程規範化管理（增訂二版）	400 元
302	行銷部流程規範化管理（增訂二版）	400 元
303	人力資源部流程規範化管理（增訂四版）	420 元

304	生產部流程規範化管理（增訂二版）	400 元
305	績效考核手冊(增訂二版)	400 元
306	經銷商管理手冊(增訂四版)	420 元
307	招聘作業規範手冊	420 元
308	喬·吉拉德銷售智慧	400 元
309	商品鋪貨規範工具書	400 元
310	企業併購案例精華（增訂二版）	420 元
311	客戶抱怨手冊	400 元
312	如何撰寫職位說明書(增訂二版)	400 元
313	總務部門重點工作（增訂三版）	400 元
314	客戶拒絕就是銷售成功的開始	400 元
315	如何選人、育人、用人、留人、辭人	400 元
316	危機管理案例精華	400 元
317	節約的都是利潤	400 元
318	企業盈利模式	400 元
319	應收帳款的管理與催收	420 元
320	總經理手冊	420 元
321	新產品銷售一定成功	420 元
322	銷售獎勵辦法	420 元
323	財務主管工作手冊	420 元
324	降低人力成本	420 元
325	企業如何制度化	420 元
326	終端零售店管理手冊	420 元
327	客戶管理應用技巧	420 元
328	如何撰寫商業計畫書（增訂二版）	420 元

《商店叢書》

18	店員推銷技巧	360 元
30	特許連鎖業經營技巧	360 元
35	商店標準操作流程	360 元
36	商店導購口才專業培訓	360 元
37	速食店操作手冊〈增訂二版〉	360 元
38	網路商店創業手冊〈增訂二版〉	360 元
40	商店診斷實務	360 元

41	店鋪商品管理手冊	360 元
42	店員操作手冊（增訂三版）	360 元
44	店長如何提升業績〈增訂二版〉	360 元
45	向肯德基學習連鎖經營〈增訂二版〉	360 元
47	賣場如何經營會員制俱樂部	360 元
48	賣場銷量神奇交叉分析	360 元
49	商場促銷法寶	360 元
53	餐飲業工作規範	360 元
54	有效的店員銷售技巧	360 元
55	如何開創連鎖體系〈增訂三版〉	360 元
56	開一家穩賺不賠的網路商店	360 元
57	連鎖業開店複製流程	360 元
58	商鋪業績提升技巧	360 元
59	店員工作規範（增訂二版）	400 元
60	連鎖業加盟合約	400 元
61	架設強大的連鎖總部	400 元
62	餐飲業經營技巧	400 元
63	連鎖店操作手冊（增訂五版）	420 元
64	賣場管理督導手冊	420 元
65	連鎖店督導師手冊（增訂二版）	420 元
67	店長數據化管理技巧	420 元
68	開店創業手冊〈增訂四版〉	420 元
69	連鎖業商品開發與物流配送	420 元
70	連鎖業加盟招商與培訓作法	420 元
71	金牌店員內部培訓手冊	420 元
72	如何撰寫連鎖業營運手冊〈增訂三版〉	420 元
73	店長操作手冊（增訂七版）	420 元
74	連鎖企業如何取得投資公司注入資金	420 元

《工廠叢書》

15	工廠設備維護手冊	380 元
16	品管圈活動指南	380 元
17	品管圈推動實務	380 元
20	如何推動提案制度	380 元
24	六西格瑪管理手冊	380 元
30	生產績效診斷與評估	380 元

32	如何藉助 IE 提升業績	380 元
38	目視管理操作技巧（增訂二版）	380 元
46	降低生產成本	380 元
47	物流配送績效管理	380 元
51	透視流程改善技巧	380 元
55	企業標準化的創建與推動	380 元
56	精細化生產管理	380 元
57	品質管制手法〈增訂二版〉	380 元
58	如何改善生產績效〈增訂二版〉	380 元
68	打造一流的生產作業廠區	380 元
70	如何控制不良品〈增訂二版〉	380 元
71	全面消除生產浪費	380 元
72	現場工程改善應用手冊	380 元
77	確保新產品開發成功（增訂四版）	380 元
79	6S 管理運作技巧	380 元
83	品管部經理操作規範〈增訂二版〉	380 元
84	供應商管理手冊	380 元
85	採購管理工作細則〈增訂二版〉	380 元
87	物料管理控制實務〈增訂二版〉	380 元
88	豐田現場管理技巧	380 元
89	生產現場管理實戰案例〈增訂三版〉	380 元
92	生產主管操作手冊（增訂五版）	420 元
93	機器設備維護管理工具書	420 元
94	如何解決工廠問題	420 元
96	生產訂單運作方式與變更管理	420 元
97	商品管理流程控制(增訂四版)	420 元
99	如何管理倉庫〈增訂八版〉	420 元
100	部門績效考核的量化管理（增訂六版）	420 元
101	如何預防採購舞弊	420 元
102	生產主管工作技巧	420 元
103	工廠管理標準作業流程〈增訂三版〉	420 元

104	採購談判與議價技巧〈增訂三版〉	420 元
105	生產計劃的規劃與執行（增訂二版）	420 元
106	採購管理實務〈增訂七版〉	420 元
107	如何推動 5S 管理（增訂六版）	420 元

《醫學保健叢書》

1	9 週加強免疫能力	320 元
3	如何克服失眠	320 元
4	美麗肌膚有妙方	320 元
5	減肥瘦身一定成功	360 元
6	輕鬆懷孕手冊	360 元
7	育兒保健手冊	360 元
8	輕鬆坐月子	360 元
11	排毒養生方法	360 元
13	排除體內毒素	360 元
14	排除便秘困擾	360 元
15	維生素保健全書	360 元
16	腎臟病患者的治療與保健	360 元
17	肝病患者的治療與保健	360 元
18	糖尿病患者的治療與保健	360 元
19	高血壓患者的治療與保健	360 元
22	給老爸老媽的保健全書	360 元
23	如何降低高血壓	360 元
24	如何治療糖尿病	360 元
25	如何降低膽固醇	360 元
26	人體器官使用說明書	360 元
27	這樣喝水最健康	360 元
28	輕鬆排毒方法	360 元
29	中醫養生手冊	360 元
30	孕婦手冊	360 元
31	育兒手冊	360 元
32	幾千年的中醫養生方法	360 元
34	糖尿病治療全書	360 元
35	活到 120 歲的飲食方法	360 元
36	7 天克服便秘	360 元
37	為長壽做準備	360 元
39	拒絕三高有方法	360 元
40	一定要懷孕	360 元
41	提高免疫力可抵抗癌症	360 元

42	生男生女有技巧〈增訂三版〉	360 元

《培訓叢書》

11	培訓師的現場培訓技巧	360 元
12	培訓師的演講技巧	360 元
15	戶外培訓活動實施技巧	360 元
17	針對部門主管的培訓遊戲	360 元
21	培訓部門經理操作手冊（增訂三版）	360 元
23	培訓部門流程規範化管理	360 元
24	領導技巧培訓遊戲	360 元
26	提升服務品質培訓遊戲	360 元
27	執行能力培訓遊戲	360 元
28	企業如何培訓內部講師	360 元
29	培訓師手冊（增訂五版）	420 元
30	團隊合作培訓遊戲(增訂三版)	420 元
31	激勵員工培訓遊戲	420 元
32	企業培訓活動的破冰遊戲（增訂二版）	420 元
33	解決問題能力培訓遊戲	420 元
34	情商管理培訓遊戲	420 元
35	企業培訓遊戲大全(增訂四版)	420 元
36	銷售部門培訓遊戲綜合本	420 元
37	溝通能力培訓遊戲	420 元

《傳銷叢書》

4	傳銷致富	360 元
5	傳銷培訓課程	360 元
10	頂尖傳銷術	360 元
12	現在輪到你成功	350 元
13	鑽石傳銷商培訓手冊	350 元
14	傳銷皇帝的激勵技巧	360 元
15	傳銷皇帝的溝通技巧	360 元
19	傳銷分享會運作範例	360 元
20	傳銷成功技巧（增訂五版）	400 元
21	傳銷領袖（增訂二版）	400 元
22	傳銷話術	400 元
23	如何傳銷邀約	400 元

《幼兒培育叢書》

1	如何培育傑出子女	360 元
2	培育財富子女	360 元
3	如何激發孩子的學習潛能	360 元

4	鼓勵孩子	360 元
5	別溺愛孩子	360 元
6	孩子考第一名	360 元
7	父母要如何與孩子溝通	360 元
8	父母要如何培養孩子的好習慣	360 元
9	父母要如何激發孩子學習潛能	360 元
10	如何讓孩子變得堅強自信	360 元

《成功叢書》

1	猶太富翁經商智慧	360 元
2	致富鑽石法則	360 元
3	發現財富密碼	360 元

《企業傳記叢書》

1	零售巨人沃爾瑪	360 元
2	大型企業失敗啟示錄	360 元
3	企業併購始祖洛克菲勒	360 元
4	透視戴爾經營技巧	360 元
5	亞馬遜網路書店傳奇	360 元
6	動物智慧的企業競爭啟示	320 元
7	CEO 拯救企業	360 元
8	世界首富 宜家王國	360 元
9	航空巨人波音傳奇	360 元
10	傳媒併購大亨	360 元

《智慧叢書》

1	禪的智慧	360 元
2	生活禪	360 元
3	易經的智慧	360 元
4	禪的管理大智慧	360 元
5	改變命運的人生智慧	360 元
6	如何吸取中庸智慧	360 元
7	如何吸取老子智慧	360 元
8	如何吸取易經智慧	360 元
9	經濟大崩潰	360 元
10	有趣的生活經濟學	360 元
11	低調才是大智慧	360 元

《DIY 叢書》

1	居家節約竅門 DIY	360 元
2	愛護汽車 DIY	360 元
3	現代居家風水 DIY	360 元
4	居家收納整理 DIY	360 元
5	廚房竅門 DIY	360 元
6	家庭裝修 DIY	360 元
7	省油大作戰	360 元

《財務管理叢書》

1	如何編制部門年度預算	360 元
2	財務查帳技巧	360 元
3	財務經理手冊	360 元
4	財務診斷技巧	360 元
5	內部控制實務	360 元
6	財務管理制度化	360 元
8	財務部流程規範化管理	360 元
9	如何推動利潤中心制度	360 元

為方便讀者選購，本公司將一部分上述圖書又加以專門分類如下：

《主管叢書》

1	部門主管手冊（增訂五版）	360 元
2	總經理手冊	420 元
4	生產主管操作手冊（增訂五版）	420 元
5	店長操作手冊（增訂六版）	420 元
6	財務經理手冊	360 元
7	人事經理操作手冊	360 元
8	行銷總監工作指引	360 元
9	行銷總監實戰案例	360 元

《總經理叢書》

1	總經理如何經營公司(增訂二版)	360 元
2	總經理如何管理公司	360 元
3	總經理如何領導成功團隊	360 元
4	總經理如何熟悉財務控制	360 元
5	總經理如何靈活調動資金	360 元
6	總經理手冊	420 元

《人事管理叢書》

1	人事經理操作手冊	360 元
2	員工招聘操作手冊	360 元
3	員工招聘性向測試方法	360 元
5	總務部門重點工作（增訂三版）	400 元
6	如何識別人才	360 元
7	如何處理員工離職問題	360 元
8	人力資源部流程規範化管理（增訂四版）	420 元

9	面試主考官工作實務	360 元
10	主管如何激勵部屬	360 元
11	主管必備的授權技巧	360 元
12	部門主管手冊（增訂五版）	360 元

《理財叢書》

1	巴菲特股票投資忠告	360 元
2	受益一生的投資理財	360 元
3	終身理財計劃	360 元
4	如何投資黃金	360 元
5	巴菲特投資必贏技巧	360 元
6	投資基金賺錢方法	360 元
7	索羅斯的基金投資必贏忠告	360 元
8	巴菲特為何投資比亞迪	360 元

《網路行銷叢書》

1	網路商店創業手冊〈增訂二版〉	360 元
2	網路商店管理手冊	360 元
3	網路行銷技巧	360 元
4	商業網站成功密碼	360 元
5	電子郵件成功技巧	360 元
6	搜索引擎行銷	360 元

《企業計劃叢書》

1	企業經營計劃〈增訂二版〉	360 元
2	各部門年度計劃工作	360 元
3	各部門編制預算工作	360 元
4	經營分析	360 元
5	企業戰略執行手冊	360 元

請保留此圖書目錄：

未來在長遠的工作上，此圖書目錄

可能會對您有幫助！！

用培訓、提升企業競爭力是萬無一失、事半功倍的方法。其效果更具有超大的「投資報酬力」！

好消息

最 暢 銷 的 工 廠 叢 書

序　號	名　稱	售　價
47	物流配送績效管理	380元
51	透視流程改善技巧	380元
55	企業標準化的創建與推動	380元
56	精細化生產管理	380元
57	品質管制手法〈增訂二版〉	380元
58	如何改善生產績效〈增訂二版〉	380元
68	打造一流的生產作業廠區	380元
70	如何控制不良品〈增訂二版〉	380元
71	全面消除生產浪費	380元
72	現場工程改善應用手冊	380元
75	生產計劃的規劃與執行	380元
77	確保新產品開發成功（增訂四版）	380元
79	6S管理運作技巧	380元
83	品管部經理操作規範〈增訂二版〉	380元
84	供應商管理手冊	380元
85	採購管理工作細則〈增訂二版〉	380元
87	物料管理控制實務〈增訂二版〉	380元
88	豐田現場管理技巧	380元
89	生產現場管理實戰案例〈增訂三版〉	380元
90	如何推動5S管理（增訂五版）	420元
92	生產主管操作手冊（增訂五版）	420元
93	機器設備維護管理工具書	420元
94	如何解決工廠問題	420元
96	生產訂單運作方式與變更管理	420元
97	商品管理流程控制（增訂四版）	420元
98	採購管理實務〈增訂六版〉	420元
99	如何管理倉庫〈增訂八版〉	420元
100	部門績效考核的量化管理（增訂六版）	420元
101	如何預防採購舞弊	420元
102	生產主管工作技巧	420元
103	工廠管理標準作業流程〈增訂三版〉	420元

使用培訓、提升企業競爭力是萬無一失、事半功倍的方法。其效果更具有超大的「投資報酬力」！

好消息

最暢銷的商店叢書

序號	名稱	售價
38	網路商店創業手冊〈增訂二版〉	360 元
40	商店診斷實務	360 元
41	店鋪商品管理手冊	360 元
42	店員操作手冊（增訂三版）	360 元
44	店長如何提升業績〈增訂二版〉	360 元
45	向肯德基學習連鎖經營〈增訂二版〉	360 元
47	賣場如何經營會員制俱樂部	360 元
48	賣場銷量神奇交叉分析	360 元
49	商場促銷法寶	360 元
53	餐飲業工作規範	360 元
54	有效的店員銷售技巧	360 元
55	如何開創連鎖體系〈增訂三版〉	360 元
56	開一家穩賺不賠的網路商店	360 元
57	連鎖業開店複製流程	360 元
58	商鋪業績提升技巧	360 元
59	店員工作規範（增訂二版）	400 元
60	連鎖業加盟合約	400 元
61	架設強大的連鎖總部	400 元
62	餐飲業經營技巧	400 元
63	連鎖店操作手冊（增訂五版）	420 元
64	賣場管理督導手冊	420 元
65	連鎖店督導師手冊（增訂二版）	420 元
66	店長操作手冊（增訂六版）	420 元
67	店長數據化管理技巧	420 元
68	開店創業手冊〈增訂四版〉	420 元
69	連鎖業商品開發與物流配送	420 元
70	連鎖業加盟招商與培訓作法	420 元
71	金牌店員內部培訓手冊	420 元
72	如何撰寫連鎖業營運手冊〈增訂三版〉	420 元

在海外出差的………
臺 灣 上 班 族
不斷學習，持續投資在自己的競爭力，最划得來的……

愈來愈多的台灣上班族，到海外工作（或海外出差），對工作的努力與敬業，是台灣上班族的核心競爭力；一個明顯

的例子，返台休假期間，台灣上班族都會抽空再買書，設法充實自身專業能力。

[憲業企管顧問公司]以專業立場,為企業界提供專業咨詢,並提供最專業的各種經營管理類圖書。

85%的台灣上班族都曾經有過購買（或閱讀）[憲業企管顧問公司]所出版的各種企管圖書。

建議你：工作之餘要多看書，加強競爭力。

建立企業圖書館

當市場競爭激烈時：

培訓員工，強化員工競爭力
是企業最佳對策

　　「人才」是企業最大的財富。如何提升人才，是企業永續經營、戰勝對手的核心競爭力。積極培訓公司內部員工，是經濟不景氣時期的最佳戰略，而最快速的具體作法，就是「建立企業內部圖書館，鼓勵員工多閱讀、多進修專業書籍」

　　建議您：請一次購足本公司所出版各種經營管理類圖書，作為貴公司內部員工培訓圖書。　使用率高的（例如「贏在細節管理」），準備 3 本；使用率低的（例如「工廠設備維護手冊」），只買 1 本。

給 總 經 理 的 話

　　總經理公事繁忙，還要設法擠出時間，赴外上課進修學習，努力不懈，力爭上游。

　　總經理拚命充電，但是員工呢？

　　公司的執行仍然要靠員工，為什麼不要讓員工一起進修學習呢？

　　買幾本好書，交待員工一起讀書，或是買好書送給員工當禮品。簡單、立刻可行，多好的事！

工廠叢書 ⑩7   售價：420 元

如何推動 5S 管理（增訂六版）

西元二〇一八年五月	全新內容增訂六版一刷
西元二〇一六年一月	增訂五版二刷
西元二〇一四年四月	增訂五版一刷

編輯指導：黃憲仁

編著：周叔達

策劃：麥可國際出版有限公司（新加坡）

編輯：蕭玲

校對：劉飛娟

發行人：黃憲仁

發行所：憲業企管顧問有限公司

電話：(02) 2762-2241　　(03) 9310960　　0930872873

電子郵件聯絡信箱：huang2838@yahoo.com.tw

銀行 ATM 轉帳：合作金庫銀行　　帳號：5034-717-347447

郵政劃撥：18410591　　憲業企管顧問有限公司

江祖平律師顧問：紙品書、數位書著作權與版權均歸本公司所有

登記證：行政業新聞局版台業字第 6380 號

本公司徵求海外版權出版代理商（0930872873）

本圖書是由憲業企管顧問（集團）公司所出版，以專業立場，為企業界提供最專業的各種經營管理類圖書。

圖書編號 ISBN：978-986-369-069-6